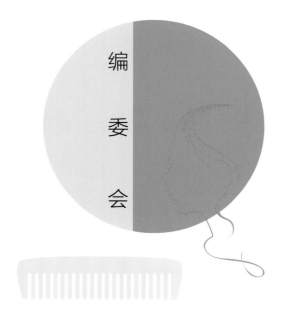

编委会

序言

美发是极具生命力和青春气息的现代服务业之一，因其为广大民众日常生活所需，逐渐成为新兴服务业中的优势行业。千姿百态的发型，或体现优雅高贵，或体现干练率性，美发师要创作出不同的发型，既要有丰富的想象力，也要掌握发式设计与造型的基本原理，具备扎实的操作技能。

在我国，职业学校（含技工学校）是培养美发专业人才的主要场所，国家专门制定了美发师国家职业技能标准，规范人才培养模式，提升人才专业技能。行业性的、国家性的、国际性的美发专业技能大赛开展得热火朝天，比赛中人才辈出。为更好推进美发行业高质量发展，大力提高美发从业人员的学历层次，培养具有良好职业道德和较强操作技能的高素质专业人才成为当务之急。有鉴于此，我们依据美发师国家职业技能标准，结合职业教育学生的学习特点，融合市场应用和各级技能大赛的标准编写了该套"职业教育美发专业系列教材"。

"职业教育美发专业系列教材"共6本，涉及职业教育美发专业基础课程和核心课程。《生活烫发》为烫发的基础教材，共5个模块18个任务，既介绍了烫发的发展历史，烫发工具、烫发产品的类别及使用等基础知识，又介绍了锡纸烫、纹理烫、螺旋卷烫等基本发型的操作要点。《头发的简单吹风与造型》是吹风造型的基础教材，由4个模块13个任务组成，依次介绍了吹风造型原理、吹风造型的必备工具和使用要点、吹风造型的手法和技巧以及内扣造型等5个典型女士头发吹风造型的关键操作步骤。《生活发式的编织造型》为头发编织造型的基础教材，共4个模块15个任务，除了介绍编织头发的主要工具和产品等基础知识，还介绍了二股辫、扭绳辫、蝴蝶辫等典型发型的编织方法。《商业烫发》《商业发型的修剪》《商业发式的辫盘造型》较前3本而言专业性更强，适合有一定专业基础的学生学习，可作为专业核心课程教材使用。

教材编写把握"提升技能，涵养素质"这一原则，采用"模块引领，任务驱动"的项目式体例，选取职业学校学生需要学习的典型发型和必须掌握的训练项目，还原实践场景，将团结协作精神、创新精神、工匠精神等核心素养融入其中。在每个模块中,明确提出学习目标并配有"模块习题",让学生带着明确的目标进行学习,在学习之后进行复习巩固;在每个任务中,以"任务描述""任务准备""相关知识""任务实施""任务评价"的形式引导学生在实例分解操作过程中领悟和掌握相关技能、技巧,为学生顺利上岗和尽快适应岗位要求储备技能和素养。

教材由校企联合开发,作者不仅为教学能手,还具有丰富的比赛经验、教练经验。其中,三位主编曾先后获得"第43届世界技能大赛美发项目金牌""国务院特殊津贴专家""全国青年岗位技术能手""全国技术能手""中国美发大师""全国技工院校首届教师职业能力大赛服务类一等奖"等荣誉,被评为"重庆市特级教师""重庆市技教名师""重庆市技工院校学科带头人、优秀教师""重庆英才 青年拔尖人才""重庆英才 技术技能领军人才",受邀担任世界技能大赛美发项目中国国家队专家教练组组长、教练等。教材编写力求创新,努力打造自己的优势和特色:

1.注重实践能力培养。教材紧密结合岗位要求,将学生需要掌握的理论知识和操作技能通过案例的形式进行示范解读,注重培养学生的动手操作能力。

2.岗课赛证融通。教材充分融入岗位技能要求、技能大赛要求,以及职业技能等级要求,满足职业院校教学需求,为学生更好就业做好铺垫。

3.作者团队多元。编写团队由职业院校教学能手、行业专家、企业优秀技术人才组成,校企融合,充分发挥各自的优势,打造高质量教材。

4.视频资源丰富。根据内容不同,教材配有相应的微课视频,方便老师授课和学生自学。

5.图解操作,全彩色印制。将头发造型步骤分解,以精美图片配合文字的形式介绍发式造型的手法和技巧,生动地展示知识要点和操作细节,方便学生模仿和跟学。

本套教材的顺利出版得益于所有参编人员的辛劳付出和西南大学出版社的积极协调与沟通,在此向所有参与人员表达诚挚谢意。同时,教材编写难免有疏漏或不足之处,我们将在教材使用中进一步总结反思,不断修订完善,恳请各位读者不吝赐教。

C 目录
CONTENTS

模块一 冷烫的运用

学习目标

知识目标

1.了解刘海烫、摩根烫、空心烫、钢夹烫、黑人烫和羊毛卷烫的设计理念。

2.知道刘海烫、摩根烫、空心烫、钢夹烫、黑人烫和羊毛卷烫的特点。

3.理解刘海烫、摩根烫、空心烫、钢夹烫、黑人烫和羊毛卷烫的操作流程及要点。

技能目标

1.能根据刘海烫、摩根烫、空心烫、钢夹烫、黑人烫和羊毛卷烫的特征准备烫发工具。

2.能根据模特特征和顾客的要求,选择适合的烫发剂。

3.能根据模特特征和顾客的要求、气质,进行发形设计。

素质目标

1.具有良好的职业道德修养,能严格遵守烫发安全规范和执行美发职业规范。

2.具有良好的沟通能力,服务意识强,责任心强。

3.培养自主探究精神,树立与时俱进思想。

任务一　　刘海烫

刘海烫

任务描述

小陶,女,方形脸,银行职员。小陶平时上班需要将头发向后扎起,但她觉得这样显得脸很大,于是想通过刘海来修饰脸形。美发师根据她的工作性质、脸形特点、气质特征和发质情况等,为她设计了刘海烫。

任务准备

1.查询刘海的样式。

2.自主学习长、短刘海的烫发技巧。

相关知识

一、刘海的作用和设计要点

一款漂亮的发形,大多有刘海的点缀,刘海有着修饰脸形、改变气质、突出五官的作用,不同款式的刘海也体现着不同的风格。短刘海是个性的表达,时尚中体现出可爱的一面;稍长的刘海,女人味十足;侧分刘海适合圆脸,有拉长脸形的效果;而中分的刘海适合方形脸,能更好地修饰脸部棱角。

　　刘海要根据顾客的发量、发质、气质、三庭五眼等来设计。中庭短的人适合剪刘海,中庭长的人不适合剪刘海。刘海的宽窄要根据两眼之间的宽度确定,眼距较宽的人适合剪宽刘海,如漫画刘海就适合眼距宽、眼睛大的人;空气刘海适合眼距较窄的人。

　　刘海的量感要根据眼睛的大小来确定。眼睛大,可以修剪量感重的刘海,此类刘海修剪时提拉角度要低一点;眼睛小,则刘海的量感要轻,此类刘海修剪时提拉角度要高一点,这样修剪出来的刘海就会有层次,视觉上刘海的量感就轻了。

二、长刘海的修剪与卷烫

(一)长刘海的修剪

1. 主分区

　　从刘海深度点向两侧延伸,从外眼角向上延伸,形成两个交点,该区域即为刘海区。

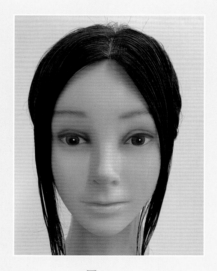

图 1-1-1

(a)　　　　　　　(b)

图 1-1-2

2.次分区

　　第一片以顾客要求的厚度为准,宽度分至内眼角之间。

(a)　　　　　　　(b)

图 1-1-3

3.第一片修剪

　　将头发提拉至与脸部成90°,切口按水平线修剪,长度以垂落至下巴处为宜。

(a)　　　　　　　(b)

图 1-1-4

4.第二片修剪

　　随着额头弧度的变化,降低头发与脸部之间的角度,切口按斜线修剪,与第一片衔接。

5

图 1-1-5

图 1-1-6

5. 第三片修剪

随额头弧度的变化,再次降低头发与脸部之间的角度,切口按斜线修剪,与第二片衔接。

6. 修剪完成后的效果

(二)长刘海的卷烫

1. 准备

准备好工具与药水,为顾客做好防护。

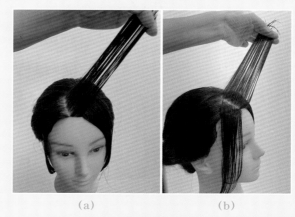

（a）　　　　　　　　（b）

图1-1-7

2.分区

纵向进行方形分区,确定头发的提拉角度为120°。

3.卷杠

根据刘海的长度与需要达到的效果,选取能卷3圈左右的杠具,然后向内卷头发,并用皮筋固定发卷。

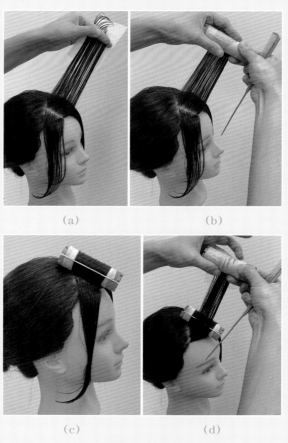

（a）　　　　　　　　（b）

（c）　　　　　　　　（d）

图1-1-8

(a)　　　　　　　　　(b)

图1-1-9

(a)　　　　　　　　　(b)

(c)　　　　　　　　　(d)

(e)　　　　　　　　　(f)

图1-1-10

两侧的卷法一致,需要注意的是发根与发尾的走向应一致。

4.上药水

为避免皮筋对发根造成压痕,上药水前在皮筋上穿上签条。根据发质的健康状况选择适合的第一剂冷烫药水,从一侧开始均匀涂抹所有发卷。注意在上药水前,应在额头围上棉条,防止药水流到脸上。

包好保鲜膜,根据发质状况等待一定时间后,进行冲水,冲水后先用毛巾吸去大部分水分,再用烘发器烘去多余的水分。

上第二剂药水,等候10分钟,拆杠具,正常冲洗。

5.吹干,造型

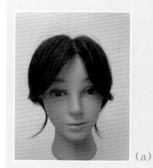

(a) (b)

图 1-1-11

二、短刘海的修剪与卷烫

(一)短刘海的修剪

修剪刘海时提拉的角度要随着额头曲面的变化而调整。

由于烫后的头发会变短,所以修剪刘海时,长度要设定在垂落至眼睛下方,比最终想要的长度长1~2厘米。

内侧的一片刘海应短于外侧的一片。

最后剪出圆润的弧形刘海。

(a) (b)

(c) (d)

图 1-1-12

(二)短刘海的卷烫

1.短刘海分区

将刘海均匀地分为上下两层。

图1-1-13

2.选杠具

根据刘海的长度、发形效果,选择合适的杠具。杠具的大小以1.5圈的C形为标准。内侧刘海用的杠具小,外侧刘海用的杠具大。外侧的发束越大烫后发卷越自然。

(a)   (b)   (c)

图1-1-14

3.卷杠

第一片（里面一层刘海）采用低角度内卷，第二片（表面一层刘海）也向内卷，但角度高于第一片，这样最终呈现的效果会更加蓬松自然。卷好后正常涂抹药水，等待一段时间后拆杠具，拆杠后洗净吹干。

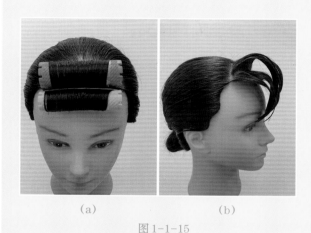

（a）　　　　　　（b）

图 1-1-15

4.纹理化处理

短刘海烫完后会显得特别厚重，需要进行打薄处理。在打薄时需要注意表面一层不能剪得太贴近发根，否则会出现碎发翘起的情况，影响效果。

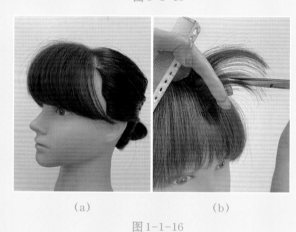

（a）　　　　　　（b）

图 1-1-16

5.最后的效果

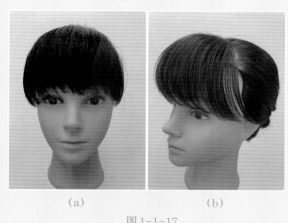

（a）　　　　　　（b）

图 1-1-17

此种修剪与烫发的技巧也可以运用于空气刘海的操作。

任务实施

1. 根据模特的发质以及刘海的长度,选择大小合适的杠具与冷烫药水。

2. 摆放好产品、用具,做好防护。

3. 根据刘海烫的操作步骤为模特烫刘海。

任务评价

任务评价卡

	评价内容	分数	自评	他评	教师点评
1	能根据刘海的长度正确选择杠具	10			
2	能熟练地进行刘海烫发操作	10			
3	能根据顾客或模特的要求完成刘海的剪、烫与造型	10			
	综合评价				

摩根烫

任务二　摩根烫

任务描述

小丽是一个时尚女孩,发质比较细软,发根也紧贴头皮,这样的发质对于喜欢改变头发造型的小丽来说少了许多发挥的空间。于是她想把自己的发根烫蓬松一些,同时软化一下头发,以便能做出更多的造型。

任务准备

1.查询摩根烫的由来与作用。
2.准备摩根烫所需的工具。

相关知识

一、摩根烫的作用和适合对象

(一)摩根烫的作用

摩根烫是一种增高颅顶的实用烫发技术,它是在发根烫一个弯度,让发根部位蓬松起来,这样头发整体看起来就比较自然饱满。摩根烫能达到修饰脸形、提升五官立体感的效果。

13

(二)摩根烫的适合对象

摩根烫更适合头顶扁塌,头发细软、服帖的群体。对于头型圆润的人也一样适用,只是烫发的区域不同。

二、摩根烫的步骤

1.准备工具

准备好摩根烫所需的药水、工具,并做好造型师和客户的个人防护。

(a)　　　　　　　　　　　　(b)

图1-2-1

2.分区

小丽的头型比较圆润饱满,烫发的分区定位应设在顶部的莫西干区。

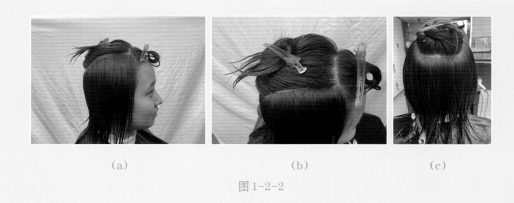

(a)　　　　　　　(b)　　　　　　　(c)

图1-2-2

如果顾客的头偏小且头顶较尖,烫发的分区可以定位在马蹄区。

3. 软化

定位好后,从后至前分出1厘米厚度的发片,将软化药水涂抹在离头皮1~2厘米处的发根上,

图1-2-3

提拉的角度根据头型的变化由低到高,从45°~135°,再用毛毛卷隔离发根,避免软化到其他不需要软化的位置。

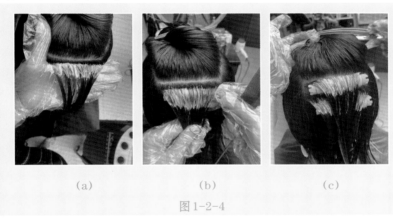

(a)　　　　　　　　(b)　　　　　　　　(c)

图1-2-4

软化药水涂抹完莫西干区之后,将剩下的头发的发尾进行软化,被漂浅过的头发需要甩出来。等候15分钟左右,待头发已经软化到70%左右,再一次性将稀释的软化药水涂抹在漂浅的位置,等候3~5分钟便可冲洗。

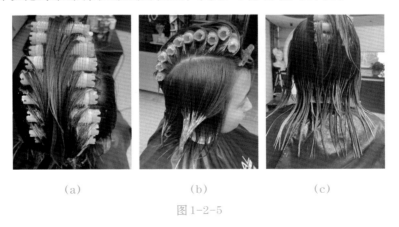

(a)　　　　　　　　(b)　　　　　　　　(c)

图1-2-5

4.加热

将洗净后的头发吹至8成干,分出莫西干区,用夹板或电棒将软化的位置往后夹出弧度。夹板的温度需要控制在180 ℃,由于加热的时间较短,发片的厚度与提拉的角度都要与软化时分的厚度与角度一致。在使用夹板夹弧度时,产生的水蒸气很容易烫到头皮,因此要逐渐靠近发根,并吹散水蒸气。

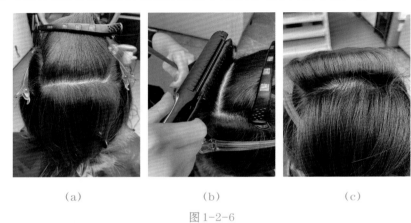

(a)　　　　　　　(b)　　　　　　　(c)

图1-2-6

根据之前的设计,除莫西干区之外的头发要有灵动感,所以在夹卷时,除了刘海向前,其余的头发都要向外翻。进行外翻处理时将发片梳顺,注意发尾不能折叠,左右要对称。

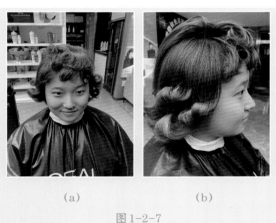

(a)　　　　　　　(b)

图1-2-7

5.上杠具、定型

先在莫西干区,按照1厘米厚分发片,以渐增的角度上毛毛卷,上定型药水。注意每一片发片需梳顺和控制好角度,然后贴紧发根上毛毛卷;最后将四周的发片梳顺、打卷,用定位夹固定,打卷的方向与角度要左右保持一致。由下至上涂抹定型剂,发根处可以选择不易浸透到头皮上的泡沫型定型剂,对于较厚的发片用瓶装定型剂更容易浸透发片。

(a)　　　　　　　　(b)　　　　　　　　(c)

图 1-2-8

6. 定型与拆杠

等候约 8 分钟,拆杠,冲洗。

图 1-2-9

7. 吹干造型

对比之前的发形,烫完后的发根处更蓬松,头发的整体柔和感更强,对脸形的修饰效果也更好。

图 1-2-10

17

任务实施

1. 小组合作,根据模特的特征,设计摩根烫方案。

2. 准备修剪与烫发的工具、药水等,做好个人防护。

3. 根据摩根烫流程和方法为模特完成摩根烫。

任务评价

任务评价卡

	评价内容	分数	自评	他评	教师点评
1	能叙述摩根烫的操作技巧	10			
2	能熟练地运用摩根烫的杠具进行卷杠	10			
3	能根据顾客或模特的具体情况,完成摩根烫的烫发过程	10			
	综合评价				

任务三　男士空心烫

男士空心烫

任务描述

阿强,广告公司的设计师,个人穿着打扮非常时尚。最近,由于工作繁重,阿强头发掉得厉害,发量较以前少了许多,整个人也显得没以前精神,因此他想通过改变发形来提升形象。美发师通过观察发现,阿强的发质较为细软,发量较少,发际线后移,需要通过烫发来改变发量较少的视觉效果,还可以提升时尚感。

任务准备

1.准备剪发工具与空心烫的工具,与顾客做好沟通。

2.学习男发的修剪流程和空心烫的流程、要点。

相关知识

一、空心烫的特点

空心烫是一种动感蓬松、立体活泼的发形。这种发形是从发根开始就有一定弧度,但又不是太卷,它是利用卷的弧度使头发蓬松,看起来特别自然、大方。空心烫适用于头发有旋儿或者分缝时刘海习惯性偏分的纠正,也适宜喜欢自然蓬松头发效果的群体。

二、空心烫的作用

1. 控制发尾的流向。
2. 减轻发尾的厚重感。
3. 消除层次与层次衔接所留下痕迹。
4. 产生改变发量的效果。
5. 修饰表层头发,使头发看起来有立体感、层次感、透气感等。

三、男士空心烫的修剪

根据顾客发量较少、发际线较高的特征,在修剪发形时,底区的头发要均匀推剪,顶区的头发则要形成层次感,同时与底区连接,尽量保持前额头发的长度,以便用来修饰发际线。

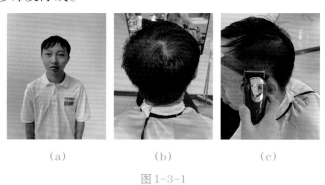

(a)　　　　　(b)　　　　　(c)

图1-3-1

四、男士空心烫的卷烫

1. 准备

准备好烫发工具与药水,并做好防护。

图1-3-2

2.分区

首先,从头顶旋能自然分缝的位置将头发分为前后两个区,再从头顶后部能打卷的区域开始,均匀地分取方形发片。

3.打卷

结合顾客的需求,以头发的长度计算打卷的圈数。如果顾客要求头发显得多一些,那么2~3圈即可(根据各区域头发的长度,确定打卷的圈数)。将烫发纸折成与发束宽度一致的大小,进行打卷,用定位夹固定。

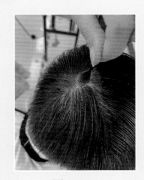

图 1-3-3

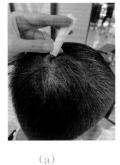  

(a) (b) (c)

图 1-3-4

4.打卷的方向

从顶点到后区为向后打卷,顶点到前区为向前打卷。不论向前或向后,发卷都应一直保持砌砖的方式且错落有致地排列,直到前发际线为止。打卷的角度应由高至低变化。

(a) (b)

图 1-3-5

21

5. 上药水

卷完头发后,做好顾客的防护,为顾客头部包好棉花条、垫好毛巾、放好肩托;美发助理穿戴好手套与围裙,先从下至上涂抹第一剂药水,再包好保鲜膜等候15分钟。

（a）　　　　　　　　　　（b）

图1-3-6

先用温水冲洗头发,接着用毛巾擦干部分水分,然后烘干多余的水分,再上第二剂药水,等10分钟左右拆卷,正常洗护。

（a）　　　　　　　　　（b）　　　　　　　　　（c）

图1-3-7

6. 吹风造型

拆卷、吹干后的效果。

（a）　　　　　　　　　（b）　　　　　　　　　（c）

图1-3-8

任务实施

1.小组合作,根据模特头发的长度设计发形。

2.准备修剪与烫发的工具,做好防护。

3.修剪发形。

4.完成空心烫发。

5.拍照存档。

任务评价

任务评价卡

	评价内容	分数	自评	他评	教师点评
1	能叙述设计理念	10			
2	能熟练地进行空心烫发的打卷	10			
3	能为顾客或模特完成发形的修剪与空心烫发	10			
	综合评价				

任务四　男士自然蓬松钢夹烫

男士自然蓬松钢夹烫

任务描述

鑫鑫是一名服装模特,经常喜欢改变自己的发形。他在两个月前将头发漂浅,一个月前又染成黑色,现在感觉染过的头发显得非常服帖,于是考虑把它烫得蓬松一些。美发师通过观察与询问得知,鑫鑫的头发受损比较严重,可以采用局部钢夹烫的方式来增加头发的蓬松感。

任务准备

1.认识钢夹烫,准备所需用具。

2.查询并了解钢夹烫与锡纸烫的区别。

相关知识

一、钢夹烫的特点

钢夹烫能使头发发根产生一定的蓬起度,使发尾产生束状的纹理感。烫完的头发会更有活力,一束束显得十分奔放,看起来比较时尚。适合头发服帖和发量较少的群体。它与锡纸烫的效果有些类似,但看起来更加自然。

二、钢夹烫发形的修剪

　　顾客的头发整体较长且两侧发量厚重,因此,需要采用方形去除层次的手法修剪,将两侧发量减少,让两侧变得轻柔一些。顶部则需要采用方形连接的方法去发量,修剪出发形的透气感和纹理感。

图 1-4-1

三、钢夹烫发形的卷烫

1.准备

准备好烫发的工具与药水,并做好防护。

图 1-4-2

2.分区

进行马蹄区分区。为了让底区与顶区能够更好地衔接,对底区的头发应采用定位纹理烫的方式打造出纹理感。

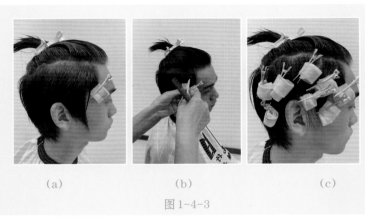

(a)　　　　　　　　(b)　　　　　　　　(c)

图1-4-3

3.拧转

在顶区以圆形发束分取发片,再拧转发束至距离根部3~4厘米处,留出发尾受损的地方,再用钢夹固定。

(a)　　　　　　　　(b)

(c)　　　　　　　　(d)

图1-4-4

4.拧转的方向

根据顾客的喜好以及头发的流向进行拧转。后区,找出中心线,分别往两边拧。顶区,往前拧。刘海区,根据刘海的分缝方向往两侧拧。由于鑫鑫的头发有多次漂染的情况,因此发尾要留得较长,为的是让发根达到蓬松的效果而不破坏发尾的质感。

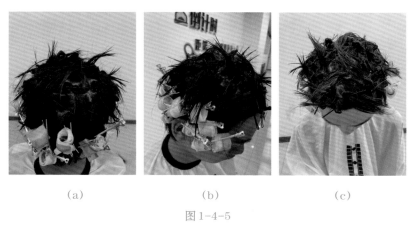

(a)　　　　　　　　(b)　　　　　　　　(c)

图1-4-5

5.做好防护

给顾客围棉条,垫好毛巾,放好肩托。

图1-4-6

6.涂抹软化剂

为了避免发尾的头发再次受损,先在发尾涂抹营养液,以达到保护发尾的作用,再将软化剂涂抹到拧转的部分,包好保鲜膜。根据受损头发的情况等候

27

5~8分钟,测试后,再冲洗,此时可见染过黑色的头发在软化剂的作用下有褪色的情况。

（a）　　　　　　（b）　　　　　　（c）

图1-4-7

7.定型

吸干多余水分,涂抹定型剂,等候约8分钟拆掉钢夹。

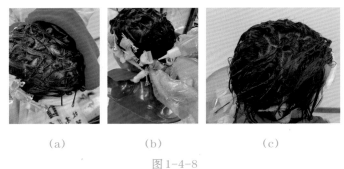

（a）　　　　　　（b）　　　　　　（c）

图1-4-8

8.正常洗发,吹干

观察到烫后的头发蓬松饱满,发色褪浅了2°。

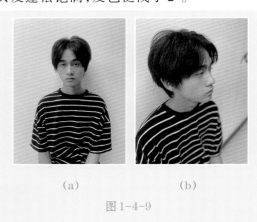

（a）　　　　　　（b）

图1-4-9

6.上杠

以半扭转的形式将头发和烟花杠缠绕在一起,到发梢处用烟花杠缠绕固定头发,最后再拧紧头发。

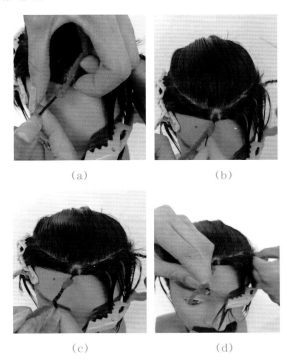

| (a) | (b) |
| (c) | (d) |

图1-5-5

边缘轮廓的每一束头发都需分得细腻、均匀,掌握好角度的变化,便于与底区未烫过的短发融合。第一层卷完,再卷第二层,直到卷完为止。每一层的分区应错落有致,避免发根纵向呈一条线。

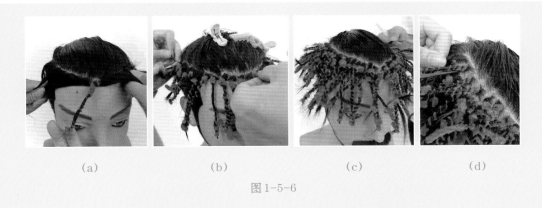

| (a) | (b) | (c) | (d) |

图1-5-6

33

7.第一次上冷烫剂

将全部头发卷完后,用棉条包裹在头发与脸之间,做好防护。将冷烫剂均匀地涂在所有头发上,量不可多,在每一股头发上轻轻滴两滴即可,尽量不要流到头皮上。上完药水后等2分钟,包好保鲜膜,处理好两侧的棉条,避免有压痕,再加热20分钟,待冷却后取掉保鲜膜。

（a）　　　　　　　　（b）　　　　　　　　（c）

图 1-5-7

8.第二次上冷烫剂

第二次上冷烫剂后加热约20分钟(加热时间根据发质情况而定),可以让头发的弹性更强。

（a）　　　　　　　　　　（b）

图 1-5-8

9.拆杠检测

检查头发是否和之前卷的形状一致,如有弹开还需加热。

10. 冲洗

冲洗干净头发,不需要洗发水。用毛巾吸掉多余水分,再用吹风机吹干。

11. 上定型剂

吹干后的头发更容易吸收定型剂,这一次上的定型剂可以加大量,每一束头发都要上均匀,然后等候15分钟。

12. 拆杠

顺时针拆杠,将没有卷完的发梢剪掉,这样发形更清爽、不凌乱。

13. 洗发

不梳顺头发,保持束状感。

(a)　　　　　　　　　　　　(b)

图 1-5-9

14. 修剪

先用黑人烫专用梳把头发挑开后吹干,然后用推剪做C字形连接头发,剪出整齐的轮廓。如果是长发则不需要挑开,直接造型。

15. 造型

用拇指和食指挨个捏住每一股头发轻轻搓,搓出一个个的颗粒感。

(a)　　　　　　　　(b)　　　　　　　　(c)

图 1-5-10

任务实施

1. 准备黑人烫的修剪、卷杠工具和药水,做好防护。

2. 小组合作,练习黑人烫卷杠。

3. 根据模特头发的长度,设计发形。

4. 修剪发形。

5. 完成黑人烫的操作流程。

6. 造型,拍照存档。

任务评价

任务评价卡

	评价内容	分数	自评	他评	教师点评
1	能叙述黑人烫的特点	10			
2	能熟练地表述黑人烫的操作流程	10			
3	能根据顾客或模特的头发长度,完成一款黑人烫	10			
	综合评价				

女士羊毛卷烫

任务六　女士羊毛卷烫

任务描述

小美是一位可爱的时尚女孩,圆脸,大大的眼睛,她的发量较少、发质比较细软。通过沟通,美发师得知她想让自己的头发短一些,并且让整体看起来可爱、时尚。

任务准备

1.查询长短不一的羊毛卷的图片。

2.学会羊毛卷的卷杠设计及使用方法。

相关知识

一、羊毛卷发形的特点

羊毛卷发形是从发根处开始卷,圈数比较多,弧度很小,整个头发蓬松感强,对脸形的修饰性强,适合发量较少、头型较小的群体。

二、羊毛卷发形的修剪

羊毛卷发形的修剪需体现 A 字形的轮廓,发尾需保持发量的厚重感,如果发尾的量感较少会让发形呈现出圆形的效果,就会有复古的感觉。该发形一定要有空气刘海,没有刘海会显得年龄比较大。去发量要从发根处开始,保证整体的空间感,同时要让发尾的量保留得多一些。

羊毛卷的修剪步骤如下:

1.修剪底线

根据顾客的身高与需求,为其设定好头发的长度,如可以到脖颈处。后区和侧区保持方形修剪,保证底线的厚重感。

(a) (b) 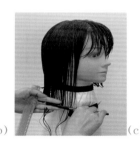(c)

图 1-6-1

2.修剪刘海

根据羊毛卷的特点及顾客的要求,可以修剪一款眉上刘海,俏皮可爱。

(a) (b) 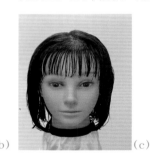(c)

图 1-6-2

3.修剪层次

马蹄区垂直提拉去角的二分之一,马蹄区之外随着头型的弧度去角,形成随头圆。

图 1-6-3

4. 打薄

按照修剪的层次横向分发片提拉，从发根处间隔性地去除发量，发尾不能大量地去除发量，以确保发尾的厚重感。

图 1-6-4

三、羊毛卷发形的卷烫

1. 准备

准备好烫发的工具与药水，并做好防护。选择 5 号、4 号、3 号三种型号的杠具（图中从左至右分别为 5 号、4 号、3 号杠具），根据发形所需分别在不同的位置使用。

图 1-6-5

2. 卷杠分区

以耳上点和头顶点做连线,将头发分成前后区;然后在前区的左右两边各分出均等份的两个前侧区;后区从上到下分为三等份(底部、中部、顶部)。

(a) (b)

图 1-6-6

3. 底部卷杠

将底部头发纵向分为两份,左侧一半按横向之字形分区,一分为二均匀分开。用3号卷杠卷底部第一片,以0°向上重叠卷;第二片,角度微微提升向下卷。右侧用同样的方法卷。

(a) (b) (c)

图 1-6-7

4. 中部卷杠

将中部头发纵向分为三等份,然后将每份头发横向分为上下两个发片。用4号卷杠卷中间第一片,低角度向上重叠卷,然后卷第二片,角度微微提升向下卷。其他四片依次用同样的方法处理。

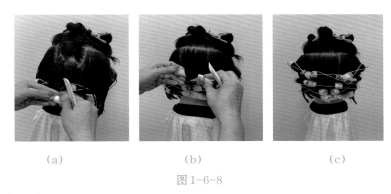

（a）　　　　　　　（b）　　　　　　　（c）

图1-6-8

5.顶部卷杠

将顶部头发按放射状纵向分为三等份,每份按之字形分为上下两个发片。用烫发纸包裹好每个发片的发尾,用5号卷杠从发尾依次开始螺旋向上卷杠。顶部卷的方向根据设计来定,可以往左也可以往右。

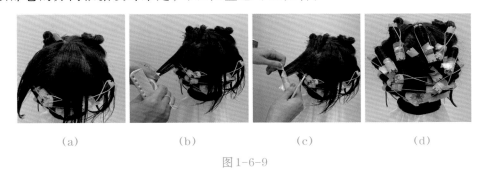

（a）　　　　　　（b）　　　　　　（c）　　　　　　（d）

图1-6-9

6.前侧区底部一层卷杠

将左右前侧区各分为均等的三份,从下到上依次为底部一层、中间一层和上面一层。将底部一层按之字形横向分为两个发片,用3号大杠,一片头发向上卷,另一片向下卷。

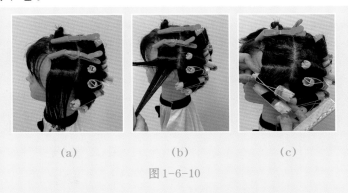

（a）　　　　　　（b）　　　　　　（c）

图1-6-10

7.前侧区中间一层和上面一层卷杠

将中间一层横向分为两个发片,用4号卷杠卷发,上面一片向上卷,下面一片向下卷。上面一层同样横向分成两个发片,换更小的5号卷杠螺旋卷。另一侧采用同样的方法卷杠,注意左右对称。

(a)　　　　　　　　(b)

图1-6-11

8.莫西干区分区

为了增加发形的动感,在头顶莫西干区分出边长为3厘米左右的小正方形区域。根据需求可以往后延伸。

图1-6-12

9.莫西干区卷杠

采用之字形将莫西干区分成前后两个区域,然后将前后区分别分成左右两个发片,用4号卷杠进行螺旋卷,角度垂直头皮,卷至贴近发根处。后面两个往后卷,前面两个往前卷,自然衔接以增加蓬松感与动感。

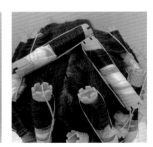

(a)　　　　　　(b)　　　　　　(c)

图1-6-13

10.刘海区卷杠

将刘海区的头发按之字形横向一分为二，下面用4号卷杠向内卷，上面用3号卷杠向内卷。用两个不同型号的卷杠能让头发的卷度更加自然。

图1-6-14

11.上药水

做好防护，上第一剂药水，包好保鲜膜，等候12~15分钟，冲水。上第二剂药水，再等候10分钟，拆杠、冲洗。

（a）　　　　　（b）　　　　　（c）

图1-6-15

12.吹干，造型

通过不同大小卷杠的排列，后颈部的头发有所收紧，经过正反卷杠的配合，头发的纹理错落有致。完成的羊毛卷动感十足、俏皮可爱，头发显得非常丰盈。

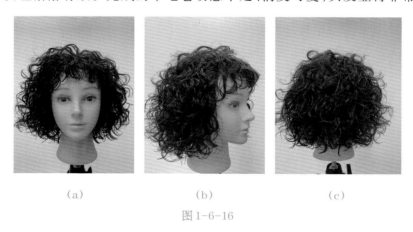

（a）　　　　　（b）　　　　　（c）

图1-6-16

43

任务实施

1. 准备羊毛卷的修剪、卷杠工具和药水,做好防护。

2. 小组合作,练习羊毛卷的卷杠。

3. 根据模特头发的长度,设计发形。

4. 修剪发形。

5. 在规定时间内完成羊毛卷烫发的操作流程。

6. 造型,拍照存档。

任务评价

任务评价卡

	评价内容	分数	自评	他评	教师点评
1	能叙述羊毛卷烫发的设计理念	10			
2	能熟练地表述羊毛卷的烫发流程	10			
3	能根据顾客的需求,在规定的时间内完成羊毛卷的烫发	10			
	综合评价				

模块习题

一、单项选择题

1. 刘海有着修饰脸形,改变气质,突出五官的作用,人们也会为了修饰脸形、改变风格等尝试各种类型的刘海。其中中分的刘海更适合( )。

A. 圆脸形　　　　B. 方脸形　　　　B. 正三角形脸形　　D. 倒三角形脸形

2. 在摩根烫中,莫西干区分发片软化的厚度为( )厘米。

A. 0.5　　　　B. 1　　　　C. 2　　　　D. 3

3. 空心烫可以打造动感蓬松、立体活泼的发形。顾客只需要蓬松不需要卷度时,一般打卷( )圈。

A. 0.5　　　　B. 1　　　　C. 1.5　　　　D. 2

4. 在烫发中,当我们只需要发根处有明显的增高、蓬松时,可以采用( )技巧。

A. 摩根烫发　　　　B. 标准烫发　　　　C. 钢夹烫发　　　　D. 砌砖烫发

5. 黑人烫与烟花烫的区别是软化的程度有很大的不同,黑人烫需要多次软化才能达到效果,那么我们的软化顺序是( )。

A. 热烫软化剂、冷烫软化剂

B. 冷烫软化剂、冷烫软化剂、热烫软化剂

C. 冷烫软化剂、热烫软化剂

D. 热烫软化剂、冷烫软化剂、冷烫软化剂

二、判断题

1.可以根据顾客的发量、发质、气质、三庭五眼等进行刘海的设计。（　　）

2.摩根烫最重要的作用是能够将头发的顶部区域制作出蓬松的效果。

（　　）

4.空心烫一般用于短发的造型,而不太适合长发的造型。（　　）

5.在钢夹烫中,排列的钢夹越多越能出现理想的效果。（　　）

5.黑人烫是一款非常潮的烫发,在卷杠的过程中可以随意地划分发束的大小。（　　）

三、综合运用题

请根据以下两张图片判断,它们分别属于什么烫发技巧？找出它们烫发流程的不同之处,用文字进行描述。

模块二 热烫的运用

学习目标

知识目标

1. 了解法式大波浪烫、小外翻烫、水波纹烫的设计理念。
2. 知道法式大波浪烫、小外翻烫、水波纹烫的特点。
3. 理解法式大波浪烫、小外翻烫、水波纹烫的操作流程及要点。
4. 能叙述内扣发形与翻翘发形的区别。

技能目标

1. 能正确判断发质。
2. 能根据不同的发质进行软化检测及正确地上杠。
3. 能根据要达到的效果找准涂抹软化剂的位置,进行标准涂抹。
4. 能根据修剪的发形,完成烫发的整个流程。
5. 能根据翻翘发形要达到的效果,对不同长度的头发进行翻翘烫发。

素质目标

1. 具有良好的职业道德修养,能严格遵守烫发安全规范和执行美发职业规范。
2. 具有良好的沟通能力,服务意识强,责任心强。
3. 培养自主探究精神,树立与时俱进思想。

任务一 热烫实战技巧

任务描述

小宇是一名才开始接触热烫的美发助理,对于热烫的流程及烫发注意事项都不太熟悉。因此需要系统地对整个热烫的原理、操作流程进行学习。

任务准备

1.查询发质的分类及它们的特点。

2.学习热烫的注意事项。

相关知识

一、准确识别发质

识别发质的方法有很多种,有的靠观察,根据头发颜色的深浅来识别发质;有的靠询问,问顾客烫染漂的次数;有的靠拉扯,看头发的弹性。

发质判断,重点在于判断头发的烫卷能力、质感体现、受损程度这三个方面。一般的通过这三个方面能够快速、清晰地知道应该怎么进行烫发操作。

1.头发的粗细决定头发的卷度

越粗的头发越容易烫卷,烫完后持久性越长但质感差;越细的头发越难烫卷,烫完后持久性越短但质感好。遇到发质粗硬的头发,软化程度要达到中等偏低;遇到细软的头发,软化程度越高越好。

2.头发天生的形状决定其质感

头发的质感取决于它天生的形状,如果头发天生毛糙,那么质感体现就会较差,如果天生光滑,那么质感就会较强。遇到毛糙的头发就需要解决它的质感,遇到柔顺的头发就需要解决它的弹性。

3.头发的受损程度决定头发的质量

识别发质时要先将头发泡湿,然后将头发倒立观察,头发越直立越健康,越下垂受损越严重。也可以用拉扯的方式来判断,拉扯时头发越硬说明受损程度越低,越软说明受损程度越高。

烫发时受损的头发不利于造型,需要做烫前、烫中、烫后的营养补充。

二、软化前的冲洗

在涂抹软化剂之前要先洗发,洗发可以打开毛鳞片、清洗头发里面的污渍、切断氢键,这样就能够让软化剂快速地进入头发的链键层去切除链键。湿发上软化剂比干发上软化剂更健康,软化的速度也更快。

针对头发的毛糙、干性和受损情况要做烫前护理,将头发流失的营养成分补充回去,这样可以增加软化时的抵抗力,让头发烫后更有质感。具体方法是将烫前护理液和水混合用于浸泡头发。一般浸泡2分钟。根据头发受损的情况可以增加浸泡的时间。

三、涂抹软化剂

在软化时,选择软化剂和软化比例是非常关键的。要根据发质的状况选择合适的软化剂,抗拒发质、正常发质、受损发质都需分别处理。软化比例也需根据发质状况来确定(如下表)。

健康类发质	软化比列	受损类发质	软化比例
常规中等	90%	常规受损	85%
细顺油	98%	粗硬受损	80%
沙发	95%	细幼受损	90%
毛糙、自然卷	90%	极度受损	80%
细幼发质	95%	黑油染	98%
粗硬发质	80%	植物染	98%

涂抹软化剂时,要注意涂抹均匀。不同分区、分片的头发,有的薄,有的厚,仅从表面看可能已经涂抹均匀,但拨开后可能会发现里面有涂抹不到位的部分,如果软化剂涂抹不均匀,烫出来的效果就会不理想。细节注意到位才能达到好的效果。

图 2-1-1

四、软化检测

软化在烫发中起着关键性的作用,以下三种方式可以检测头发的软化情况。

1.拉扯

分出一小束头发拉扯,看能否达到想要的长度。

2.缠绕

拉出一丝头发,去掉软化剂,缠绕在尖尾梳的尖尾上,然后取下来看打好的圈会不会变直。

3.打结

分出一小束头发,打个结,看它能不能弹开。

五、冲洗软化

烫发后头发毛糙、干枯与冲洗有一定的关系。头发如果没冲洗干净,在加热时会再一次加速软化,其受损就会更严重,洗后便会干枯。因此,冲洗时需要冲到头发干涩以后再多冲两分钟,总时间可以达到8分钟。

图2-1-2

对于水温,应根据发质的状况和软化程度来确定。头发健康但软化不是很到位时,可以用高温度的水进行冲洗。头发受损时,水温则需低一些,冲洗力度也不能太大。

六、还原修复

软化完成后,头发里面的营养会有所流失,需要做还原修复来补充营养。常规的还原修复方式有两种。

一种是涂抹PPT(PPT是植物中提取的水溶性活性氨基酸,在烫染过程中可以有效补充头发流失的水分和营养物质,填补头发空洞,降低烫染对头发的伤害)。具体方法是将头发浸泡在温水里2分钟,再用清水浸泡1分钟,然后换一次清水接着浸泡1分钟。细幼发质浸泡时间要短一些,因为如果营养越多越会影响卷度,所以要根据发质的状况选择还原的时间和营养物的量。

另一种是将头发吹干,在上杠时直接将温水与PPT混合液涂抹在发片上。

七、根据目标选杠

头发的卷度与卷杠的大小有着直接的关系,卷杠越大弹性越小,卷杠越小弹性越大。

对于受损发质,不能以正常发质的标准选杠,要选择比正常发质小两个型号的卷杠才能达到理想的效果。

八、上杠常见的问题

上杠在整个烫发环节中是最需要技巧的,也是最容易出问题的,它的好坏直接影响头发的卷度、弹性、持久性等。上杠力度大,成型后卷的弹性高,易毛糙,适合健康细幼发质。上杠力度小,质感好,适合多数发质。上杠时需要注意,所分发片的宽度不能超过卷杠的宽度,要找准卷杠的角度不能左右偏移,不然卷杠中间的头发是紧的,两侧是松散的,烫发的效果就不理想。

卷杠时左右手的配合要紧密,右手往里卷一圈后,左手需要把头发拉得非常有张力,也就是非常紧,右手再往里卷,左手按住卷杠往外拉紧,形成一股前后带劲的力量将发片与卷杠紧紧包裹在一起。在稳住不松手的情况下上橡皮筋固定,如有毛糙的短发则再用皮筋压平整。这样烫出来的头发才会有更好的弹性。

图 2-1-3

要不要包绵或夹夹子,则根据想要达到的效果来定。如果想要卷度大一些可以包绵,如果喜欢自然一点就可以不用包绵。

九、加温

温度的高低影响头发的毛糙感和塑形能力。温度越高,塑形能力越强;温度越低,塑形能力越弱。但不是温度越高烫发效果越好,需根据发质情况选择合适的温度。

加温的次数需根据发质来定。有一次、两次加温法。针对健康的发质可以选择一次加温,受损的发质可以选择两次加温,这样对发质的影响要小一些。

十、定型

定型需要等到头发完全冷却后进行。健康发质一般定型10分钟,受损发质一般定型6~8分钟。拆杠定型对发质的要求比带杠定型的高。

十一、洗头、吹干

定型后,需要进行烫后护理,先用毛巾将头发擦至5成干,然后梳顺,用中温大风吹干,这样头发的质感会更好。

任务实施

1.小组派代表讲述热烫中需要注意的事项。

2.小组抢答不同发质的特点及烫发时软化时间的差别。

3.练习软化中检测发质的方法。

4.练习卷杠中容易出错的部分。

任务评价

任务评价卡

	评价内容	分数	自评	他评	教师点评
1	能正确地判断发质	10			
2	能熟练地讲述热烫的整个流程	10			
3	能根据不同的发质进行软化检测及正确地上杠	10			
	综合评价				

法式大波浪烫发

任务二　法式大波浪烫发

任务描述

莎莎是一名刚刚毕业的大学生,身材高挑、皮肤细腻、五官姣好,拥有一头长长的直发。最近因为应聘了舞蹈老师,所以她想改变自己的形象,让自己看起来更成熟稳重一些,但同时不想破坏发质。于是美发师给她推荐了一款有质感的法式大波浪烫发,既能提升她的成熟感又能保持发质的亮度。

任务准备

1.查询法式大波浪烫发的特点。

2.自主学习法式大波浪烫发的卷杠技巧。

相关知识

一、法式大波浪烫发的特点

法式大波浪烫发是一款比较有质感的发形,与有弹性的羊毛卷有很大的区别,它弯中带点直,直中带点弯,有一点点慵懒的感觉。适合头发呈曲线形、量感中等或偏大的顾客。

二、法式大波浪烫发的修剪

法式大波浪烫发要求发量感较大,因此要进行低层次修剪。

(a)   (b)

图2-2-1

1.轮廓线的设定

根据顾客的喜好来确定头发的长度,定好圆形轮廓线。如果顾客的发量很厚重,可以用C形修剪法去掉内角的方式将底部的角去除,让头发看起来更加通透,走向更明确。

(a)   (b)   (c)

图2-2-2

2.层次的修剪

根据法式大波浪烫发的特点,需要低层次发形,因此层次的设定在整个头发的三分之一以下的位置。马蹄区全部向上提拉,圆形去角,发片一片一片往前带,形成圆形结构。

中区,有底线与马蹄区作为引导线,因此用点剪的手法连接此区域。

3.发量的去除

修剪完主要发形后,只需将发尾三分之一处的头发用滑剪的方式剪去少量。

57

三、法式大波浪烫发的卷烫

1.分区

先将头发分为上、中、下三大区域。再将下区纵向一分为二,中区纵向一分为三,上区横向一分为二。

图 2-2-3

2.软化

软化要在湿发的状态下进行,根据发质的状况选择软化剂,中度受损的发质不可选用碱性太强的药水,药水软化的时间要控制在15~30分钟,因为软化得越快对头发的伤害性就越大。

后区(包括下区,中区后面的部分,上区向后的二分之一),第一层从头发的二分之一处开始往发尾处涂抹软化剂,第二层从头发的三分之二处开始涂抹,第三层从离发根3厘米处开始涂抹。在涂抹过程中发尾处不可堆积过多的软化剂,因为法式大波浪烫发的卷更多的都是从中间区域出来,发尾甚至可以是直的。

图 2-2-4

侧区(中区的侧面部分),涂抹的原则与后区一致。由于侧区的发际线低于后区,因此也可以直接从三分之二处开始涂抹。顶部(上区向前的二分之一)从离发根3~5厘米处涂抹。

图2-2-5

为了避免药水接触到无须软化的区域,可以用毛毛卷进行发片的隔离。

图2-2-6

3.检测

等待15~20分钟就开始检测软化程度。根据法式大波浪烫发的特点,软化的程度达到80%即可。

4.冲洗

健康发质可以直接冲洗,受损发质可以用洗发水洗后冲洗,洗掉化学残留物,避免头发受损。然后再用补水的方式浸泡3~5分钟。

图2-2-7

59

5.吹干

吹干、吹顺头发,调配好PPT备用。

图2-2-8

6.卷杠

后区分区的位置与软化位置一样。先涂抹PPT,再用24号卷杠,以重叠加螺旋的手法卷发,但要将发尾甩出去不卷。以纵向划分发片,这样束状感才会强;发卷垂直摆位,花型才会更整齐;卷杠时一片压半片,才会出现横摆的卷。注意卷杠时卷出软化的位置,才不会有皮筋的痕迹。

第一层卷发的角度控制在45°~60°。

(a)
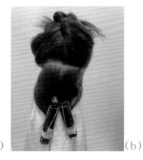
(b)

图2-2-9

第二层的角度微微提高一些,可以达到70°。卷杠方法与第一层一样。

(a)

(b)

图2-2-10

60

第三层,骨梁区采用重叠加螺旋的手法,因为发中需要有更多的卷、需要更整齐,发尾需要自然。具体操作方法为:先包绵纸,再缠绕,甩出发尾,再用绵纸包发尾。若此区域发量较多,也可多分一个区域。

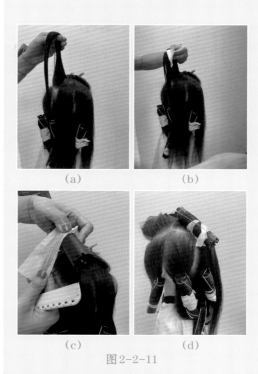

(a)　　　　　　(b)

(c)　　　　　　(d)

图2-2-11

顶区的头发角度要提高到135°,这样可以让发根更蓬松。

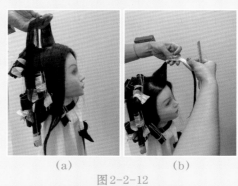

(a)　　　　　　(b)

图2-2-12

侧区第一层与后区第一层一样,一片压半片。第二层与骨梁区一样重叠加螺旋。第三层分为两束,高角度靠拢发根处卷杠。

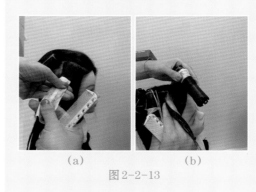

(a)　　　　　　(b)

图2-2-13

61

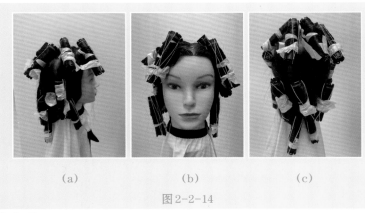

| (a) | (b) | (c) |

图2-2-14

7.加热定型

加热。时间为12分钟,温度为80 ℃,一次性加到8成干。

图2-2-15

8.冷却

直到杠具与头发全部冷却后,拆开皮筋,涂抹少量的PPT,用夹板去除皮筋的痕迹。

9.定型

从下至上涂抹定型剂,等候8分钟拆杠、冲洗、吹干。

（a）　　　　　　（b）

（c）　　　　　　（d）

图 2-2-16

10. 造型

涂抹少量的精油与弹力素，用手指按住凹槽，再用烘罩烘干。

修剪出空气刘海，喷上发油，用梳子将烘干后的头发梳理出大波浪的效果，更能体现发形的质感。

（a）　　　　　　（b）

图 2-2-17

63

任务实施

1.准备法式大波浪烫发的修剪工具、卷杠工具和药水,做好防护。

2.小组合作,练习法式大波浪烫发的卷杠技巧。

3.根据模特头发的长度,设计发形。

4.修剪发形。

5.在规定的时间内完成法式大波浪烫发的操作流程。

6.造型,拍照存档。

任务评价

任务评价卡

	评价内容	分数	自评	他评	教师点评
1	能根据预期效果找准涂抹软化剂的位置,进行标准的涂抹	10			
2	能根据修剪的发形,完成法式大波浪烫发的整个流程	10			
3	能为顾客或模特烫一款法式大波浪烫发并做好造型	10			
综合评价					

小外翻烫发

任务三　小外翻烫发

任务描述

莉莉喜欢有质感的发形,所以之前的头发都是以自然、顺滑的直发为主,这次她想换一款活跃有动感的发形。经过沟通,美发师为她设计了一款翻翘式的发形。

任务准备

1.查询3种不同的翻翘发形。

2.自主学习翻翘发形的卷杠技巧。

相关知识

一、小外翻烫发的修剪

小外翻烫发是款上蓬下紧,具有设计感的发形,具备灵动、活跃等特征,可以有效修饰脸形。该款烫发的修剪前发形如下图所示。

图 2-3-1

1.轮廓线的设定

后区以中间短两边长的 V 形轮廓线做修剪。分出马蹄区后,将后区发片分成三份,中间一片水平修剪,由于头发厚重所以采用点剪的手法。两侧的发片以中间一片为引导线,剪斜线形成 V 形轮廓。

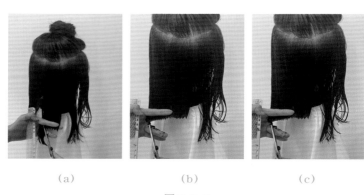

（a）　　　　　　　　（b）　　　　　　　　（c）

图 2-3-2

侧区的头发,以后区为引导,继续修剪斜线,形成后短前长的三角形。两侧修剪方法一致,注意左右的对称感。

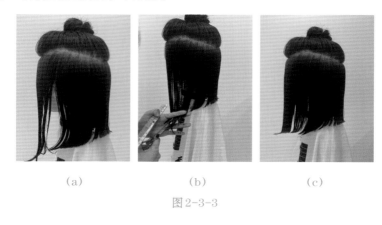

（a）　　　　　　　　（b）　　　　　　　　（c）

图 2-3-3

2.层次的修剪

后区,分出中间转角区以内的头发,竖分发片,进行45°提拉,90°剪切线。修剪时,在转角区以内的头发都不偏移,转角以外的头发向转角处偏移并以转角处发片为引导线。

(a)　　　　　　(b)　　　　　　(c)

图2-3-4

侧区,以转角处为引导线,将每一片头发都向转角位置偏移修剪。

图2-3-5

顶后区,平行于地面提拉发片,以底区为引导线,连接时切口的角度根据头发落下时所需的高度来定,可以堆积也可以去除。

(a)　　　　　　　　(b)

图2-3-6

67

图2-3-7

顶前区，以顶后区为引导剪斜方。

图2-3-8

刘海区，修剪成弧形刘海。

二、小外翻烫发的卷烫

1.分区

先在头顶分出菱形区，制造顶部的蓬松感。然后分出刘海区、表情区、耳上区、后侧区及转角以内的后部区。

(a)

(b)   (c)

图2-3-9

2.软化

后部区。将此部分头发分为三层,从离发根2~3厘米处开始软化。

图2-3-10

后侧区。将此区头发分为三层,从下至上依次涂抹软化剂,越到上面离发根的距离越远。

顶部菱形区。将菱形区的头发90°提拉,从发根至发尾涂抹软化剂。为避免软化剂粘到下面的头发,需用毛毛卷隔开。

图2-3-11

表情区。在耳垂到发尾之间涂抹软化剂。

图2-3-12

(a)　　　　　　　　　　(b)

图2-3-13

图2-3-14　　　　　　　图2-3-15

耳上区。将此部分头发分为上下两层,从下至上涂抹,第一片在发尾至耳垂间涂软化剂,第二片软化的高度比第一片高1厘米。

刘海区。从发根涂至发尾。用毛毛卷隔开,避免头发落在额头上。

3.上杠

根据软化的区域及位置进行卷杠。

后部区。横向分为三个发片,零角度提拉。

其中第一片(最下层)和第二片(中间一层)都横向往上卷,第三片(最上层)横向往下卷。

(a)　　　　　　　(b)　　　　　　　(c)

图2-3-16

后侧区。两侧各横向分为三个发片,第一片(最下层)与第二片(中间一层),发尾向后斜往上卷。

（a）　　　　　　　　　　　（b）

图 2-3-17

第三片(最上层),横向往下卷。两侧方法一致,注意方向的一致性。

（a）　　　　　　　　　　　（b）

图 2-3-18

表情区。零角度斜向内卷,卷至耳垂处。

图 2-3-19

（a）

（b）

（c）

图2-3-20

图2-3-21

图2-3-22

耳上区。卷杠分为两层，下面一个卷，发尾斜着向后向上卷，卷至耳垂处。上面一个卷，发尾向后向下卷，卷至第一个卷上面的1厘米处。

顶区。选择大一号的卷杠，90°提拉，发尾向后重叠卷至发根处。

刘海区。垂直于头皮提拉，重叠内卷。

4.加热

调温度为100 ℃，加热5分钟，冷却。

5.定型

上定型剂,等候8分钟,拆杠冲洗干净。

6.吹风造型

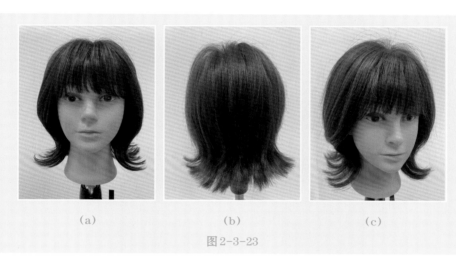

（a）　　　　　　　（b）　　　　　　　（c）

图2-3-23

任务实施

1.准备小外翻烫发的修剪工具、卷杠工具和药水,做好防护。

2.小组合作,练习小外翻烫发的卷杠技巧。

3.根据模特头发的长度,设计发形。

4.修剪发形。

5.在规定时间内完成小外翻烫发的操作流程。

6.造型,拍照存档。

任务评价

任务评价卡

	评价内容	分数	自评	他评	教师点评
1	能准确叙述小外翻发形的特点	10			
2	能熟练运用小外翻烫发的卷杠技巧	10			
3	能根据顾客或模特的特点,独立完成一款小外翻烫发	10			
	综合评价				

任务四　水波纹烫发

水波纹烫发

任务描述

小倩是一名文艺青年,喜欢复古的造型。为了能够更贴合平时的穿着打扮,小倩这次想烫一款波浪发形。她头发较长,发质轻微受损,美发师认为采用自然的水波纹烫发更能保护发质。

任务准备

1.查询多种水波纹烫发的造型图片。

2.自主学习束状扭转的操作方法。

相关知识

一、水波纹烫发的特点

水波纹烫发给人的印象大多是比较复古,但根据头发的长短、卷杠的圈数、卷发的流向、颜色的搭配等不同,水波纹烫发也可以呈现出典雅、时尚、可爱等不同风格。

水波纹烫发在修剪时层次不能过高,不然会失去连贯性,但也不能没有层次,这样会失去头发的动感,因此采用低层次的修剪更合适。

(a)　　　　　(b)

图2-4-1

二、水波纹烫发的修剪

1.定位轮廓线

为保留头发的长度,轮廓线沿圆弧形修剪。修剪将头发分为顶区、中区、底区三部分。

图2-4-2

2.修剪层次

底区,采用45°提拉去角,随头修剪。

图2-4-3

中区之后区,以底区为引导线,90°提拉,增加头发的层次和动感。

图2-4-4

中区之侧区,拉向后区转角的位置,以后区为引导线修剪。

顶后区,逐步提升角度,直到垂直于头皮修剪。

图2-4-5

顶前区,以顶后区为引导,同时为了与侧区重合,修剪为斜方的剪切口。

图2-4-6

剪完的头发,侧区重量保留,后区层次在整个头发长度的三分之一处。

最后进行纹理化处理。

(a)　　　　　　(b)

图2-4-7

三、水波纹烫发的卷烫

1.分区

和修剪时一样将所有头发分为三大区,并将前后分开。

2.软化

底区,从离发根5厘米左右的位置开始涂抹软化剂,提拉角度在30°~45°。前面3厘米可以少涂一些软化剂,这样与直发部分衔接会更自然;中间部分涂抹量可以多一些,这样软化更容易成型;发尾涂抹的量少一些,因为发尾受损最为严重,若软化剂过多,容易软化过度。

图2-4-8

中后区涂抹的位置比第一层高3厘米,第三层比第二层高3厘米。等候15~20分钟,检测软化的程度达到80%,冲净头发。

图2-4-9

3.卷杠

底区,选取24号卷杠,斜向后分取发片,45°提拉,用烫发纸包裹发片,可以超过软化的位置,再将卷杠放置在头发的下面用大拇指按住。

(a)　　　　　　(b)　　　　　　(c)

图 2-4-10

右手轻轻往外拉出烫发纸,拉出的长度为大约可以绕卷杠一圈,用束状的缠绕方式上杠。缠绕时不可以扭转,一边退出烫发纸,一边缠绕,直到发尾处,将发尾与烫发纸一起绕上去。

(a)　　　　　　(b)　　　　　　(c)

图 2-4-11

再一次将头发根部拉紧,上皮筋固定。

(a)　　　　　　(b)

图 2-4-12

另一侧的方向相反。第一层卷四根卷杠。

中后区,随着头颅的加宽,卷杠个数增加两个,卷杠的技巧和方法与底区一致,只是卷的位置随着软化的位置增高。

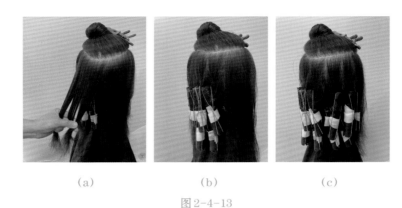

（a）　　　　　　　（b）　　　　　　　（c）

图 2-4-13

侧区，卷至嘴唇处，向前卷。

图 2-4-14

顶区，以放射状分取发片，卷的位置逐渐向上增高，卷的方法与中区一致。

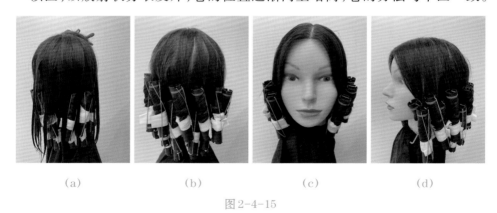

（a）　　　　　（b）　　　　　（c）　　　　　（d）

图 2-4-15

4.加热

整个区域卷完后，顺着卷的流向挂起卷杠，进行加热。以 90 ℃加热 12 分钟，加至 8 成干便停止加热。让其自然冷却。

图2-4-16

5.定型

上定型剂,等候10分钟。

6.拆杠

拆杠时顺着卷杠的方向拆,并再一次确定是否定型均匀。如不均匀,再次涂抹定型剂。

 (a)  (b)  (c)

图2-4-17

7.吹风造型

洗净头发,自然吹干加吹卷,发形显得妩媚动感。如加入刘海,涂抹造型产品再用烘罩烘干,发形则会显得时尚可爱。根据造型手法不同,发形可以呈现不同的风格。

 (a)  (b)  (c)  (d)

图2-4-18

任务实施

1. 准备水波纹烫发修剪工具、卷杠工具和药水,做好防护。

2. 小组合作,练习水波纹烫发的束状旋转手法,进行卷杠。

3. 根据模特头发的长度,设计发形。

4. 修剪发形。

5. 在规定时间内完成水波纹烫发的操作流程。

6. 造型,拍照存档。

任务评价

任务评价卡

	评价内容	分数	自评	他评	教师点评
1	能叙述水波纹烫发与法式大波浪烫发的不同之处	10			
2	能熟练运用卷杠技巧,完成水波纹烫发	10			
3	能根据烫发理念进行多种水波纹烫发的造型设计	10			
	综合评价				

模块习题

一、单项选择题

1. 在热烫当中,软化头发时选择软化剂和软化比例都是非常关键的。要根据发质的状况选择合适的软化剂。软化健康且粗硬的发质时需要软化的程度为( )。

A. 80%　　　　　B. 85%　　　　　C. 90%　　　　　D. 95%

2. 小外翻烫发中,卷杠时会根据发形的需求将头发分为多个区域,其中( )制造发形的蓬松度。

A. 表情区　　　　B. 刘海区　　　　C. 顶部菱形区　　D. 耳上区

3. 在法式大波浪的烫发过程中,确定软化头发的位置是非常关键的,一般会分为几大层进行软化,从下至上( )软化发长的三分之二处。

A. 第一层　　　　B. 第二层　　　　C. 第三层　　　　D. 第四层

4. 下列烫发中,( )是用束状缠绕方式上杠。

A. 小外翻烫发　　　　　　　　B. 羊毛卷烫发

C. 法式大波浪烫发　　　　　　D. 水波纹烫发

5. 卷杠中,上杠力度大,成型后卷的( )。

A. 弹性高,易毛糙　　　　　　B. 弹性弱,易毛糙

C. 弹性高,质感好　　　　　　D. 弹性高,质感差

二、判断题

1. 烫发前,识别发质的方法有很多种,有的靠观察,有的靠询问,有的靠拉扯。 （　）

2. 热烫中,软化程度起着关键性的作用。我们在检测软化程度时,一般会用拉扯、缠绕、打结的方法来判断。 （　）

3. 温度的高低不影响头发的毛糙感和塑型能力。 （　）

4. 头发的卷度与卷杠的大小有着直接的关系,卷杠越小弹性越小,卷杠越大弹性越大。 （　）

5. 烫发后头发毛糙、干枯与冲洗有一定的关系。 （　）

三、综合运用题

从复古的翻翘发形到俏皮可爱的小外翻发形,都运用了反向卷发的手法,那么请大家根据以下两张图片的效果,评估它们所用到的卷杠的大小以及卷杠的方法各有什么不同之处。

模块三 拉直的运用

学习目标

知识目标

1.掌握自然卷及沙发的特点。

2.掌握拉直头发工具的运用。

3.掌握拉直头发的操作流程及要点。

技能目标

1.能熟练运用弧形夹板夹顺自然卷的头发。

2.能根据顾客的情况,设计一款自然内扣的发形。

素质目标

1.具有良好的沟通能力,服务意识强,责任心强。

2.培养自主探究精神,树立与时俱进的思想。

3.能以饱满的热情规范地完成烫发流程。

任务一 烫后头发的顺直

烫后头发的顺直

任务描述

小帅是一名大学生,两周前才去美发店烫了一头卷发,回到学校同学们都说小帅变老气了,于是他便想将头发变回原来的样子。美发师经过观察发现小帅本身的发质比较正常,但烫的卷比较小,现在的发质属于轻微受损,因此可以通过顺直改变发形。

任务准备

1.了解头发顺直的方法。

2.准备好有卷的头模特。

相关知识

1.准备工具

准备好烫发的工具与药水,并做好防护。

图 3-1-1

87

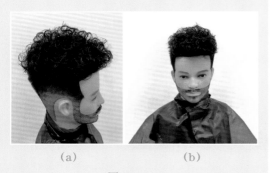

(a)　　　　　　(b)

图3-1-2

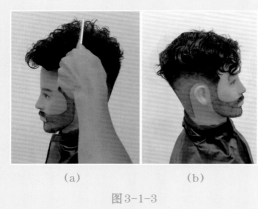

(a)　　　　　　(b)

图3-1-3

(a)　　　　　　(b)

图3-1-4

(a)　　　　　　(b)

图3-1-5

2.观察与设计

小帅现在的头发卷度属于小卷,头发比较毛糙、厚重,前面的轮廓太高,像戴了一顶假发,因此比较显年龄大,因此我们将通过顺直头发来改变现在的发形。

3.洗发

先将打了造型产品的头发梳理后进行清洗,不需要涂抹护发素。

4.软化

对于短期内二次烫的头发,为减小软化剂对头发的损伤,需要降低软化剂的浓度,所以我们加水稀释软化剂,将稀释后的软化剂涂抹至烫卷的位置。停留3~5分钟,观察检测,待头发的卷度变直即可。

5.冲洗、吹干

冲洗的时间可以久一些,避免有残留的药水继续伤害已经受损的头发。洗完用九行梳将头发吹至八成干,同时微微带顺头发。

6.夹顺

根据头发本身的流向,将其分成薄薄的多个发片,一层层夹顺抛光,再将发杆至发尾夹出C形弧度,使头发更加自然有纹理,而不会只是特别直。

图3-1-6

7.定型

将头发片分成薄薄的多个发片,根据头发的流向涂抹定型剂,每一片都需涂抹均匀。等候10分钟再冲洗头发。

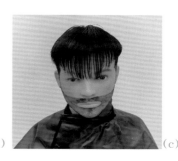

(a)　　　　　　　(b)　　　　　　　(c)

图3-1-7

8.吹干、精修

先自然吹干头发,再根据发形效果进行精确修剪。

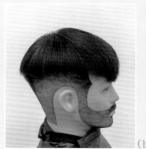

(a)　　　　　　　(b)

图3-1-8

9.造型

最后的造型纹理感强,发质健康有亮度,发形自然有型,既帅气又时尚。

(a)　　　　　　　　　　(b)　　　　　　　　　　(c)

图3-1-9

任务实施

1.准备男发的修剪工具、顺直的药水,做好防护。

2.小组合作,练习夹板的运用。

3.在规定的时间内完成顺直头发的操作流程。

4.根据模特头发的长度,设计发形。

5.修剪发形。

6.造型,拍照存档。

任务评价

任务评价卡

	评价内容	分数	自评	他评	教师点评
1	能叙述卷发顺直的方法	10			
2	能熟练地运用夹板顺直头发	10			
3	能根据顾客或模特的需求完成顺直头发的流程及发形的修剪与造型	10			
	综合评价				

任务二　自然卷直发烫

自然卷直发烫

任务描述

茜茜,身高1.68米,头发自然卷,喜欢长发。最近,她非常想让自己的头发变得柔顺有质感一些。因此她向美发师提出让自己的头发顺而不呆板的要求,美发师据此要求进行了自然卷直发烫处理。

任务准备

1.查询自然卷、沙发的特点及处理的方法。

2.准备好弧形夹板、定位毛毛卷等工具。

相关知识

一、自然卷直发烫的修剪

茜茜的头发细软、自然卷且发量较少,发质显得比较毛糙,吹顺后很快就又乱糟糟的。我们分析茜茜的发质得知其新生发很短,发尾有10厘米的头发染过色,另外有8厘米发尾有过顺直加染色。所以在修剪时需要注意层次不能太高,以免重量不够,头发更卷和乱。同时,根据茜茜头发受损的程度,需要进行分段软化。

图3-2-1

侧区,拉直加卷的方法与后区一致。先用尖尾梳梳顺,再用夹板顺着尖尾梳慢慢往后滑动,遇到发质顽固的情况,可以反复来回夹几次,直到头发被夹顺为止。

刘海区,副刘海竖分发,将发片夹顺后,再带出弧度感,主刘海横向夹顺后内卷。

(a)　　　　　　　　(b)　　　　　　　　(c)

图3-2-13

4.定型

将顺直的部位梳顺、梳直,均匀地涂抹直发定型剂,用毛毛卷将夹卷的发尾卷起来,注意角度的提拉要配合夹卷的角度。等候10分钟冲洗干净。

  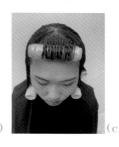
(a)　　　　　　　　(b)　　　　　　　　(c)

图3-2-14

5.吹风造型

吹干的同时,将发尾托起吹出内扣的效果。

  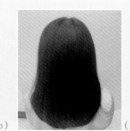
(a)　　　　　　　　(b)　　　　　　　　(c)

图3-2-15

任务实施

1. 准备女发的修剪工具、顺直的药水,做好防护。

2. 小组合作,寻找自然卷模特,练习夹板对自然卷的顺直、加卷。

3. 根据模特头发的长度,设计发形。

4. 修剪发形。

5. 在规定的时间内完成顺直与内扣夹卷的操作流程。

6. 造型,拍照存档。

任务评价

任务评价卡

	评价内容	分数	自评	他评	教师点评
1	能叙述自然卷及沙发的特点	10			
2	能熟练地运用弧形夹板夹顺自然卷的头发	10			
3	能根据顾客或模特的情况,为其设计一款自然内扣的发形	10			
	综合评价				

模块习题

一、单项选择题

1.在(   )的情况可以用冷烫药水第一剂改变头发的卷度。

A. 自然卷拉直发
B. 沙发拉直发
B. 烫后头发过卷
D. 绵发拉直发

2.拉直发过程中不需要(   )。

A. 夹板   B. 加热器   C. 陶瓷烫机器   D. 吹风

3.在顺直头发的过程中,使用夹板时很容易让水蒸气烫到顾客的头皮,因此控制好水的含量是很关键的环节,那么一般会将洗净的头发吹至(   )后才开始夹顺头发。

A.6 成干   B.7 成干   C.8 成干   D.9 成干

4.顺直头发时,软化的情况要依据发质而定,针对毛糙、自然卷的情况软化程度为(   )。

A.60%   B.70%   C.80%   D.90%

5.在拉直头发的过程中,每个区域的角度需要根据需求而定,顶后部区域属于需要蓬松的位置,那么夹直发时提拉角度为(   )。

A. 0°~45°   B. 45°~90°   C. 90°~120°   D. 120°~180°

二、判断题

1.顺直头发时,对每一根头发都需要完全靠拢发根进行软化。 （ ）

2.烫直发时将顺直的部位梳顺、梳直,均匀地涂抹直发定型剂。 （ ）

3.顺直头发后,看起来光泽度极强,但对发质的损坏性极强。 （ ）

4.在直发定型的过程中,只需将定型剂涂抹均匀即可,不用让头发保持拉直的状态。 （ ）

5.软化后的头发,用夹板可以改变其形态,既可以拉直也可以夹卷。（ ）

三、综合运用题

根据烫发的知识点,请大家分析以下图片,如何将图1的卷发改变成图2、图3的效果? 写出每一个具体操作步骤。

图1   图2   图3

模块四　风格造型烫的设计

学习目标

知识目标

1. 了解电棒造型烫与卷杠烫之间的
2. 掌握卷杠180°旋转时。
3. 掌握短发排杠的注意事

技能目标

1. 能正确地运用电棒卷出内扣的效果。
2. 能熟练运用抛光技巧。
3. 能根据头发的情况修剪与烫发,完成一款造型烫。

素质目标

1. 具有安全防护意识,在烫发过程中做好顾客和个人的防护工作。
2. 工作作风严谨,能认真完成每一次发形设计工作。
3. 善于学习,不断探索学科领域新知识。

任务一　电棒造型烫发

电棒造型烫发

任务描述

　　小烨的头发经常染烫，所以发质很毛糙。她想换一款有质感，而且平时不用花时间打理，吹干后就能自然成型的发形。于是美发师向她推荐了一款自然内扣的发形。

任务准备

　　1.查询电棒造型烫发的特点及注意事项。
　　2.自主学习电棒夹卷的技巧。

相关知识

一、电棒造型烫发的修剪

　　小烨的头发由于发质本身很细软，又经常烫染，所以非常毛糙，在梳理时非

商业烫发

常容易打结,也有断落的情况。针对这些情况用基本的护理方法已经不能改善发质的状况,只能通过剪短毛糙头发和顺直来改变头发的质感。

(a) (b)

图4-1-1

1.轮廓线的修剪

将后区分为三大层修剪轮廓线。由于头发剪短时发量较为厚重,所以需要分层修剪,底线(第一层)以方形手法进行修剪。

(a) (b) (c)

图4-1-2

修剪第二层时,以第一层为引导线进行方形修剪。第三层属于头发的动感区,为了能体现再现性,需要以放射状来回梳理再修剪。

(a) (b)

图4-1-3

侧区轮廓线,分二至三层进行修剪,分的层数根据发量来决定。以后区为引导线,水平修剪。

图4-1-4

2.刘海区与表情区的修剪

从刘海深度点到耳上点分一条直线。先将主刘海拉直,再以90°切口水平剪出主刘海区。

（a）　（b）　（c）

图4-1-5

将副刘海区随头型降低角度,斜向连接修剪。将表情区再一次斜向与副刘海区连接修剪。

（a）　（b）　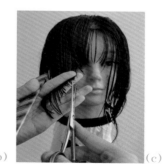（c）

图4-1-6

图 4-1-7

图 4-1-8

图 4-1-9

一款韩式波波头的修剪就完成了。

二、电棒造型烫发的卷烫

1. 分区软化

分出马蹄区、侧区、后区。

后区分为三大层软化，每一层都留3厘米的发根不涂抹软化剂。

侧区软化也需要留3厘米的发根，这样可以将毛糙的发质梳顺。顶区与刘海区的软化位置离发根更近一些，这样能让发形饱满蓬松。由于该头模的发质受损比较严重，所以等候10分钟再进行测试，软化达到70%~80%即可。

(a)　　　　　　　(b)　　　　　　　(c)

图 4-1-10

2.电棒夹卷

先将电棒温度调整为180 ℃,按照软化时的位置分区,从后区第一层(底层)开始涂抹PPT,低角度夹出发片的C形弧度感。加热时第一遍需要抛光,可以快速滑过,注意避免水蒸气烫伤头皮。第二遍加热时,电棒卷好头发后要在头发上停留3秒,转折时应避免产生压痕,需要流畅夹卷。

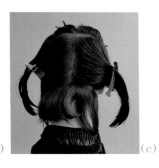

(a) (b) (c)

图4-1-11

侧区,也需分层,根据发量的多少决定分层的数量,分次抛光、夹卷。

(a) (b)

图4-1-12

顶区,分较薄的发片,对发根处可以单独处理,让其更加蓬松,有立体感。

(a) (a)

图4-1-13

刘海区,分层夹卷,注意避免水蒸气烫伤头发。在抛光时,第一遍离根部远

107

一些,再慢慢靠近发根将水蒸气吹离头皮。

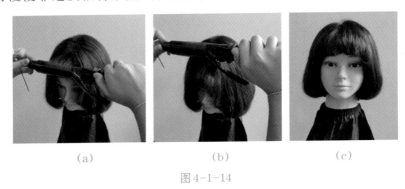

(a)   (b)   (c)

图 4-1-14

3.定型

上定型剂。按照夹卷的位置分层,每涂抹一个发片后就用毛毛卷顺着夹卷的流向将其卷顺卷紧,从下往上一层层固定。

后区,分两层,第一层低角度卷两个卷,第二层提高角度卷三个卷。打卷时需在软化过的地方涂抹定型剂,发中顺直,发尾内扣。注意发尾的方向重叠向下。

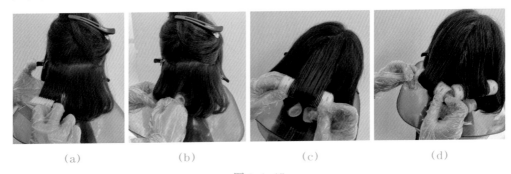

(a)   (b)   (c)   (d)

图 4-1-15

侧区,分一层,角度得放低,用一个卷定型,这样可使发形重合性更高,不易凌乱。

图 4-1-16

刘海区,分两层,第一层平行于地面上卷,第二层微微提高角度上卷,可使发根蓬松饱满。

（a）

（b）

图4-1-17

打卷定型的等候时间为5~10分钟,具体可根据卷度选择合适的等候时间。

（a）

（b）

图4-1-18

头发吹干后、发形自然内扣、形状饱满、发质顺直、有光泽度。

（a）

（b）

（c）

图4-1-19

任务实施

1.准备女发的修剪工具、软化的药水,做好防护。

2.根据模特头发的长度,设计发形。

3.按照此款发形的修剪技巧完成烫前修剪。

4.小组合作,练习电棒夹卷。

5.在规定时间内完成电棒造型烫发的操作流程。

6.造型,拍照存档。

任务评价

任务评价卡

	评价内容	分数	自评	他评	教师点评
1	能叙述电棒造型烫与卷杠烫之间的区别	10			
2	能正确地运用电棒卷出内扣的效果	10			
3	能根据头发的情况进行修剪与烫发,完成一款电棒造型烫发	10			
	综合评价				

任务二 甜美的短发烫发

甜美的短发烫发

任务描述

容容现在是波波头发形,顺直的头发看起来十分文静。这次她想尝试做一些改变,将头发剪短,让自己看起来更活泼俏皮一些。经过沟通,美发师准备为她剪短头发并烫一款甜美的发形。

任务准备

1.收集3款甜美的短发烫发造型的图片。

2.自主学习甜美的短发烫发的排杠技巧。

相关知识

一、甜美的短发烫发的修剪

针对发量较多,整个头发的重量堆积在下颌处,层次低,整体显得较平顺的头发,可以通过对长度与层次的修剪来提高头发的重量感。

图 4-2-1

111

1. 轮廓线的设定

将头发宽度与长度的比例从 1∶1.4 剪到 1∶1，头发的层次自然堆积到与鼻尖一般高的位置。轮廓线采用点剪的手法剪出圆弧形，让厚重的发形更轻、更自然。

（a）　　　　　　　（b）　　　　　　　（c）

图 4-2-2

2. 层次的修剪

将后区分为三大区域，顶区、中区、底区。底区竖分发片，45°提拉，45°切口，保留轮廓线修剪。中区以底区为引导，斜分发片点剪连接。

（a）　　　　　　（b）　　　　　　（c）　　　　　　（d）

图 4-2-3

后区重量较小。

图 4-2-4

前侧区竖分发片,以后区为引导线,偏移至后区转角处修剪,直到前侧区全部发束都按此方法修剪完。形成的效果为前长后短。

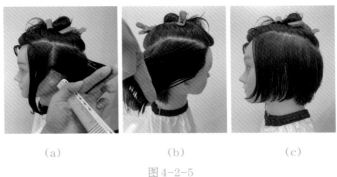

(a)　　　　　　　(b)　　　　　　　(c)

图 4-2-5

前侧区重量比后区重量更小,也就是前面的头发较长,便于后面能更好地进行烫发设计。

顶区的头发采用放射状分区,与底区头发连接,注意对每一束头发都需展开后再降低45°修剪,以保持头发的重量感。

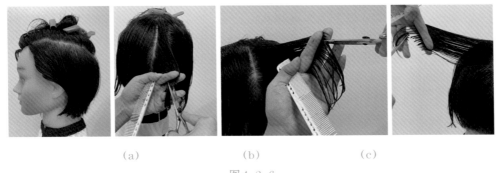

(a)　　　　　　　(b)　　　　　　　(c)

图 4-2-6

动感区的修剪。在头顶划分一个小圆,垂直提拉头发与顶区去角,剪成方形。

图 4-2-7

刘海区头发修剪的长度在眼睛以上眉毛以下,烫完后的长度会更短一些。

纹理化处理。各区修剪后的发形整体看起来堆积得较重,烫完后的发量会显得更重,甚至体现不出发丝的轻柔感,所以在烫发前需要做打薄处理。以修剪时发片的分取为标准提拉,采用去除重量的方法修剪,去除发尾的重量,但是轮廓线不能被破坏。

二、甜美短发烫发的卷烫

1.分区

将头发分为顶区、侧区、后区,在后区枕骨以上分出倒三角,枕骨以下头发较短的部位单独分区。

(a)   (b)   (c)

图 4-2-8

2.卷杠

后区卷杠。底部第一层,斜向划分发片,用5号杠低角度反向往上卷一圈半,发尾向后。两侧卷法一致。中间较短的头发可以不卷,如果两侧的卷更小、圈数更多时,中间较短的头发就用手指卷的方式卷杠,达到一个过渡的效果。

(a)   (b)

图 4-2-9

　　底部第二层斜分发片,用3号卷杠从侧面开始卷,第一个卷杠向外卷,发尾向后,第二个卷杠向内卷。交替卷杠,烫完后层次感、跳跃感很强。另一侧也是同样的方法。

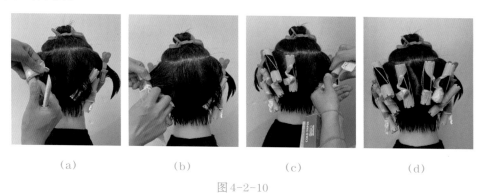

(a)　　　　　　　　(b)　　　　　　　　(c)　　　　　　　　(d)

图4-2-10

　　表情区,直接低角度向内卷杠,发尾向后。两侧方法一样。

图4-2-11

　　侧区,共分三个卷,底部第一个卷杠向下卷,第二个卷杠向上卷,第三个卷杠向下卷,交替卷杠。另一侧的卷法相同。

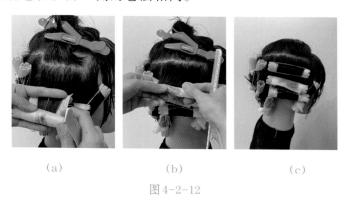

(a)　　　　　　　　(b)　　　　　　　　(c)

图4-2-12

115

(a)　　　　　　　　(b)

图 4-2-13

(a)　　　　　　　　(b)

图 4-2-14

图 4-2-15

(a)　　　　　　　　(b)

图 4-2-16

顶后区，先画出 1 个小菱形，剩下的头发低角度内卷，左右各 1 个卷，左边的发尾往左，右边的发尾往右，在发尾处卷 1.5 圈即可。发形只需体现发尾的跳跃感，所以不用卷到发根。

菱形区，横向之字形分取 2 个发片，用 2 号卷杠内卷至发根，制造出顶部的蓬松感与动感，将整个发形轮廓提高，避免整体效果过于圆润。

刘海区，主刘海内卷，副刘海发尾往两侧甩，向内卷。

3.涂抹药水

做好防护，从下至上均匀涂抹冷烫药水的第一剂。为了让头发更饱和，第一剂药水涂抹两遍，再包好保鲜膜，等候 15 分钟。

116

4.冲杠

拆开保鲜膜测试卷度,达到要求后,再用热水冲洗干净。

5.定型

吸干头发上多余的水分,从下至上均匀涂抹定型剂。此时头发的水分很饱和,涂抹药水时注意做好防护及量的控制。等候10分钟。

6.拆杠

顺着卷杠的方向拆杠。

图 4-2-17

7.吹风造型

(a) (b) (c)

图 4-2-18

117

任务实施

1.准备女发的修剪工具、冷烫的药水,做好防护。

2.根据模特头发的长度,设计发形。

3.按照此款发形的修剪技巧完成烫前修剪。

4.小组合作,练习甜美风格的短发的排卷技巧。

5.在规定时间内完成甜美风格的短发的烫发流程。

6.造型,拍照存档。

任务评价

任务评价卡

	评价内容	分数	自评	他评	教师点评
1	能熟练地叙述短发排杠的注意事项	10			
2	能根据顾客或模特头发的长度,运用甜美风格的短发卷杠技巧	10			
3	能小组合作为顾客或模特修剪、烫发,完成一款甜美的短发烫发的创作	10			
	综合评价				

任务三　优雅型的中长发烫发

优雅型的中长发烫发

任务描述

　　小雅是一位温柔娴静的翻译官,经常出席一些重要活动,她对发形的要求就是稳重、时尚,发质表现健康。美发师经过分析,准备为小雅修剪一款中长发形,并做一定的烫发造型以增强整体的时尚感。

任务准备

　　1.收集优雅型的中长发烫发图片,分析它的特点。

　　2.熟悉抛光技巧的运用。

相关知识

一、优雅型的中长发烫发的修剪

1.定轮廓线

按横向与纵向1:1.4的比例确定头发的长度。用点剪的手法剪出圆弧形的轮廓。

(a)　　　　　　　(b)　　　　　　　(c)

图4-3-1

侧区轮廓线,以后区的长度为引导,斜向30°修剪。

(a)　　　　　　　(b)

图4-3-2

2.层次修剪

前侧区修剪至发长的三分之一处,将每一片都向前提拉,让发形有足够的量感。两侧修剪方法一样,保持左右对称。

(a)　　　　　　　(b)　　　　　　　(c)

图4-3-3

3.顶部修剪

将顶部中间的头发竖向垂直提拉,以前侧区的长度作为引导线进行连接修剪,形状修剪为圆弧形。随后以这个发片为引导线,横向原位提拉修剪其他头发。

(a)　　　　　　　　(b)　　　　　　　　(c)

图4-3-4

4.后区修剪

后区中间竖向垂直头皮提拉。从顶部漩涡位置拉出一束头发,以后区轮廓线为引导线连接发片,层次落差到后区三分之一以下。

(a)　　　　　　　　(b)　　　　　　　　(c)

图4-3-5

5.刘海修剪

对刘海区以平行于地面的角度修剪,长度定位在下颌的位置。刘海根据三庭五眼来设计,中庭短的人适合剪刘海。

(a)　　　　　　　　(b)　　　　　　　　(c)

图4-3-6

6.去量

根据发量的厚重感进行厚薄的修饰。

121

二、优雅型的中长发烫发的卷烫

1.软化

后区，平均分为三大层，将底区（第一层）分为两片，从发片的二分之一处向发尾软化；第二层分为三片，从发片的三分之二处开始软化；第三层分为两片，从发片的三分之二处开始软化。

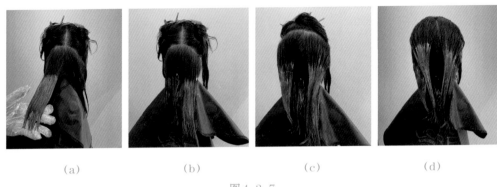

（a）　　　　　（b）　　　　　（c）　　　　　（d）

图4-3-7

顶区，分出一个小菱形，从靠近发根3~5厘米处开始软化。用毛毛卷隔开发根与发片，避免软化剂接触到不需要软化的位置。

（a）　　　　　　（b）

图4-3-8

侧区，分为两层。第一层从发片的二分之一处开始软化；第二层从三分之二处开始软化。提拉发片时，根据修剪的边缘层次，微微向前倾斜提拉。

（a）　　　　　　　　　（b）

图 4-3-9

刘海区，从发根处开始软化。

（a）　　　　　　　　　（b）

图 4-3-10

整个软化的程度达到80%即可冲洗，冲洗后吹干至8成。

2. 卷杠

选择24号卷杠上杠。如果发质健康容易出卷或希望发形更自然，也可以选择26、28号卷杠。卷杠之前需在卷杠之处涂抹水和PPT的混合液。后区分为三大层，第一层按照软化的位置排两个卷杠，低角度内卷转斜向卷；第二层三个卷杠，左右两个卷分别向两侧卷，中间一个卷向内卷在正后方；第三层上一个发卷，发尾内卷。

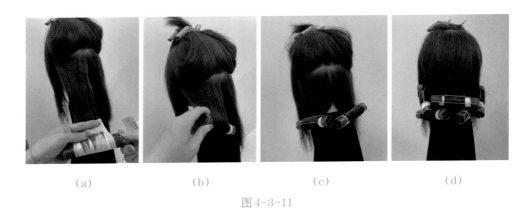

（a）　　　　　（b）　　　　　（c）　　　　　（d）

图 4-3-11

　　侧区,分为两片,第一片斜向后划分,向前梳理,低角度卷至下颌处,这样烫完后的卷会向前。第二片低角度斜向后划分,卷至第一片之上。两侧卷法一致。

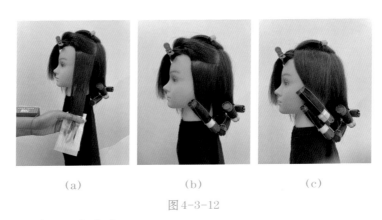

（a）　　　　　　（b）　　　　　　（c）

图 4-3-12

刘海区,提拉45°向内卷。

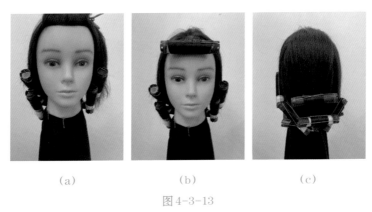

（a）　　　　　　（b）　　　　　　（c）

图 4-3-13

124

3.加热

由于头发原本已经染过，属于轻微受损发质。加热时，选择80 ℃，8分钟一次性进行加热。当卷杠冷却后拆掉所有的杠具。

（a） （b）

图4-3-14

因为要在顶区的菱形区制造蓬松感，因此要用弧形夹板或发根电棒加热进行造型烫。先喷上少量的水，横向分取厚度为0.5厘米的发片，提拉角度由低至高从160°到180°。第一遍和第二遍抛光时有水分，需注意勿烫伤头皮，第三遍需要找定点。电棒放在每一个发片上后要停留3秒钟，再转动，再停留3秒向前推，连续两次，完成后发根呈现直立90°。每一片的处理方法一致，夹完后全方位观察，发根全部直立即可。发尾处以低角度抛光与底区连接，避免层次过高。

（a） （b）

图4-3-15

4.抛光

将卷杠卷过的每一束头发按照卷杠的位置与角度,用弧形夹板以180°进行抛光,夹成C形的纹理。有压痕的位置先涂抹少量稀释后的PPT,再进行抛光。

（a）　　　　　　　　　（b）

图4-3-16

5.打卷

各区域抛光完成后,用冷烫的卷杠按照烫发时的方法打卷。

（a）　　　　　　　（b）　　　　　　　（c）

图4-3-17

6.定型

用热烫定型剂定型,顶部菱形区的发根与刘海区可以用泡沫定型剂定型,避免滴落至头皮,但一定要涂抹均匀。等候8分钟,便可以冲洗。

图 4-3-18

7.吹风造型

洗完头发后吹风造型,此时头发的卷度比较自然柔和,刘海与顶区位置较为蓬松,整体造型较为优雅。

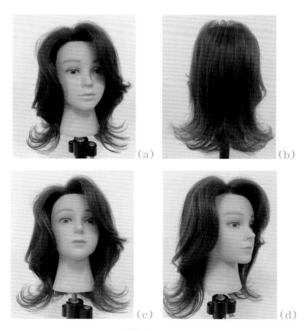

图 4-3-19

任务实施

1.准备女发的修剪工具、热烫的药水、抛光工具,做好防护。

2.根据模特头发的长度,设计发形。

3.按照优雅型的中长发烫发的修剪技巧完成烫前修剪。

4.小组合作,练习优雅型的中长发烫发的排卷技巧。

5.在规定时间内完成优雅型的中长发烫发的烫发流程。

6.造型,拍照存档。

任务评价

任务评价卡

	评价内容	分数	自评	他评	教师点评
1	能叙述优雅型的中长发烫发顾客或模特的特点	10			
2	能熟练地运用抛光技巧对头发进行抛光处理	10			
3	能根据顾客或模特头发的情况,完成一款优雅型的中长发烫发的修剪与卷烫	10			
	综合评价				

任务四　轻熟风的长发烫发

轻熟风的长发烫发

任务描述

　　乐乐有一头乌黑的长直发,显得特别文静。因最近要参加招聘会,所以她想改变自己的造型,使自己看起来成熟稳重一些。根据分析,乐乐的发质比较粗硬且发量较多,在修剪与烫发时需要考虑层次与卷度的设计。

任务准备

　　1.熟悉长发高层次发形的修剪方法。

　　2.自主学习180°旋转卷杠技巧。

相关知识

一、轻熟风的长发烫发的修剪

　　针对乐乐头发厚重,且没有层次感的特点,为了能让乐乐的头发烫后显得轻柔一些,在修剪时,需要建立较高的层次,烫发时需要选择合适的卷杠。

图4-4-1

129

1.修剪分区

将头发分为顶区与底区两大区域。

2.层次的设定

后区转角以内,竖分发片,垂直90°提拉剪切。转角以外的区域,向转角处靠拢提拉修剪。

（a）　　　　　　　　（b）

图4-4-2

3.顶部区域

将顶部分为前后两半,底区用鸭嘴夹固定;顶后区以放射状分区,垂直头皮90°提拉,以底区的长度为引导线进行连接修剪,剪完后呈现圆形的效果。

（a）　　　　　（b）　　　　　（c）　　　　　（d）

图4-4-3

4.修剪层次定位

根据头发整体的长度来计算,将层次设定在发长的二分之一处,以体现头发的轻柔感,并以此确定头发轮廓线的形状。

图4-4-4

后区竖分发片,垂直提拉,将顶区修剪的长度与底区定好的轮廓线作为中间区域的引导线,并将其连接。将侧区的轮廓线与后区进行连接。

(a)　　　　　　　(b)

图4-4-5

5.前顶区

纵向分取一束发片,以后区的长度作为引导线,修剪成斜方形。再以此发片作为剩下头发的引导线,将剩下的头发横向分取分片进行连接修剪。

(a)　　　　　(b)　　　　　(c)　　　　　(d)

图4-4-6

6.刘海区

将主流海以与头皮垂直的角度提拉,进行90°切口修剪。副刘海以主流海

131

为引导线,向中间靠拢修剪,体现刘海的层次感,达到发片的推动效果。

(a)　　　　　　　　(b)　　　　　　　　(c)

图4-4-7

7.表情区

表情区的头发有修饰脸形的作用,此区域头发层次不能过高。在修剪时以弧线划分发片,头发的提拉角度为30°。将上下区域的头发进行连接修剪,一直连接到后区可以连接的头发。

(a)　　　　　　　　(b)　　　　　　　　(c)

图4-4-8

8.整理修剪

修剪后整体层次较高,头发显得轻柔有动感,在此基础上可以根据需要进行纹理化的处理。

图4-4-9

二、轻熟风长发烫发的卷烫

1.分区

首先,在顶区分出一个菱形区,长度从刘海深度点到黄金点;再分出刘海区、表情区;耳上向前划分出前侧区;耳上向后划分出后侧区和后部方形区。

图4-4-10

2.软化

从后颈部区域开始,分层涂抹软化剂。其中,表情区从耳垂处向发尾涂抹,侧区从离发根3~5厘米处开始向发尾涂抹,侧区、后区从离发根2厘米处开始向发尾涂抹。

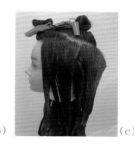

图4-4-11

刘海区从靠拢发根处开始涂抹软化剂;顶区以之字形划分发片,涂抹时根部提拉的角度为90°。

图4-4-12

133

　　根据卷杠直径的大小分取发片的厚度,软化剂涂抹至离发根0.2厘米处,让头发的根部能站立起来。

(a)　　　　　　　　　(b)

图4-4-13

3.检测

　　涂抹完后等候15分钟检查,整体软化程度达到75%,即可冲洗干净。

4.卷杠

　　将头发吹至8成干,带顺,调配好PPT,分区卷杠。此款发形需体现长发的跳跃感,因此在卷杠时采用180°旋转的方法进行卷杠。

　　(1)后区。为了让脖颈处的头发服帖,卷杠时,第一层采用低角度提拉,发片向下卷,发尾向前,卷至中间,左手平行稳住发片,右手抓住卷杠的中间位置。

(a)　　　　　　　　(b)　　　　　　　　(c)

图4-4-14

　　右手将卷杠旋转180°,此时慢慢移除左手,再将发片向上卷入。这样可以将发根的头发压得服帖,使其收得紧致。

134

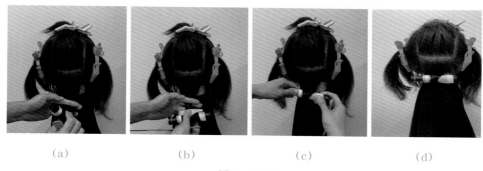

(a)   (b)   (c)   (d)

图 4-4-15

第二层,在枕骨位置,低角度提拉,卷发的方法与第一层一致,发片低角度向下卷再旋转向上卷。

第三层,低角度提拉,发片向上卷,发尾向上,卷至中间旋转180°,再向下卷。

(a)   (b)   (c)

图 4-4-16

(2)后侧区。低角度提拉,第一层、第二层向下卷,发尾向后,旋转后发尾向前。第三层向上卷,发尾向前,旋转后发尾向后。也可以根据需求调整发尾的方向。

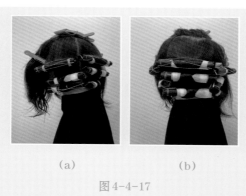

(a)   (b)

图4-4-17

135

（3）表情区。低角度提拉，向上卷杠，发尾向后甩，卷到中间位置时旋转180°，使发根处向下，卷至下颌的位置。

图 4-4-18

（4）前侧区。第一层以低角度向上卷，第一个卷杠的发尾向前，卷到中间开始旋转180°，使发根处向下，卷至耳垂的位置。第二个卷杠向上卷，第三个卷杠向下卷。排杠错落有致，制造出发形的动感。

图 4-4-19

（5）顶区。按照卷杠的直径之字形分取发片，发尾向上卷至距离发根5厘米处，旋转卷杠180°再向下卷，这样能让发根达到一个更加饱满的效果。

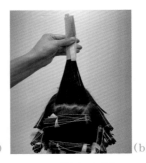

图 4-4-20

前侧区。将头发全部梳至水平状态,修剪。修剪后的头发落下的长度刚好在耳垂的位置即可。

(a) (b) (c)

图 4-5-5

顶后区。此区域头发的长度取决于层次落下的位置,如果需要发量堆积感多,就留短一些;如果需要发量堆积感少,就留长一些,因此此区域不需要与底区连接。

(a) (b) (c)

图 4-5-6

顶前区。以顶后区为引导线,修剪一个前长后短的斜方形,作为这个区域的引导线,再纵向分取发片修剪,落下的层次与前侧区不连接。

图 4-5-7

刘海区。斜向后分取发片,修剪出中间长两边短的效果,能够左右分缝。

 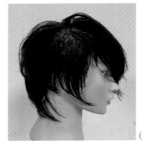

(a)　　　　　　　　　　(b)

图 4-5-8

二、自由式烫发的卷烫

1. 分区

按照修剪时分区的方式分出顶区,后顶区分出较长的方形。

(a)　　　　　　　　　　(b)

图 4-5-9

2. 卷杠

底区一层,采用空心卷,力度要较为柔和,制造出微翘的效果。

(a)　　　　　(b)　　　　　(c)

图 4-5-10

打卷时,边上的第一个卷低角度往前卷。第二个卷低角度向上卷。第三个卷,低角度向侧面卷,制造出有活力的外翘。另一侧打卷的方向一致。

图 4-5-11

侧区。因为头发需要平贴,因此采用定位卷。依次将发束向前打卷,再用定位夹平贴固定在上一个卷后,制造出倒S形的流向。如果喜欢将头发放在耳后,也可以改变方向,卷正S形的流向。

图 4-5-12

后区。为了能够制造松软的卷度,卷杠卷1.5圈至2圈。中间的下面一个低角度向上卷,上面一个90°提拉,卷发尾,两侧低角度斜向卷。达到中间突出两侧服帖的效果。

图 4-5-13

顶后区。因为需要制造蓬松感,所以采用90°提拉,将发尾斜向摆放卷入根部。为了避免出现太多的卷,分片要较厚。

(a)　　　　　　　　　　　　(b)

图4-5-14

顶前区。之字形斜分发片,发尾斜向摆,不重叠,制造头发自然松软的流向感。每一层需要像砌砖一样错落开来排杠。

(a)　　　　　　　　(b)　　　　　　　　(c)

图4-5-15

3.软化

从下至上均匀涂抹软化剂,等候15分钟后,测试卷度,达到要求后进行下一步。

4.带杠冲水,上定型剂

达到卷度后带杠冲水,为了让卷更自然,上完定型剂便拆杠。拆杠后等候5分钟。

（a）　　　　　　　（b）

图 4-5-16

5.冲洗

冲洗头发,吹干至七八成,再去调整发量,这样可以减少头发的毛糙感,最后吹风造型。

（a）　　　　　　　（b）　　　　　　　（c）

图 4-5-17

任务实施

1.准备女短发的修剪工具、冷烫的药水,做好防护。

2.根据模特头发的长度,设计一款创意性较强的短发。

3.采用此款发形的修剪技巧完成烫前自由式发形修剪。

4.小组合作,分析创作,练习自由式短发排卷技巧。

5.在规定时间内完成自由式短发发形的烫发流程。

6.造型,拍照存档。

任务评价

任务评价卡

	评价内容	分数	自评	他评	教师点评
1	能熟练叙述个性化自由式短发与普通短发的不同之处	10			
2	能找准自由式短发卷杠的位置,并结合多种手法进行卷杠	10			
3	能根据头发的长度,设计一款个性感强的自由式烫发,并完成整体造型	10			
	综合评价				

模块习题

一、单项选择题

1.电棒造型烫中,在加卷之前,需要将温度调至(　　　)。

A. 120 ℃　　　　　B. 140 ℃　　　　　C. 160 ℃　　　　　D. 180 ℃

2.在甜美短发烫发造型中,根据发长与发卷之间的关系,从下至上排列的卷杠大小关系为(　　　)。

A. 下小上大　　　　　　　　　　B.下大上小

C. 一大一小交替　　　　　　　　D.直接用同一种卷杠

3.在烫发卷杠中,采用旋转180°卷杠的作用是(　　　)。

A. 增强头发的卷度　　　　　　　B. 增强头发的纹理

C. 增强头发的跳跃感　　　　　　D. 增强头发的波浪

4.在自由式烫发中,底部区域的手指卷能更好地解决短发的纹理感,那么顶部区域之字斜分发片,发尾斜向摆,不重叠,能制造头发(　　　)。

A. 自然松软的流向感　　　　　　B.强烈的流向感

C. 自然蓬松的纹理感　　　　　　D. 强烈的纹理感

5.优雅型烫发与羊毛卷相比是一款较有质感的发形,在烫发过程中需要增加一个步骤才能增强头发的质感,这个步骤是(　　　)。

A. 增加营养液　　　　　　　　　B. 控制软化程度

C.降低烫发温度　　　　　　　　D. 为头发抛光

二、判断题

1. 抛光可以将很卷的头发变得自然,也可以处理有压痕的头发。　　（　　）

2. 卷杠中短发的发尾需要体现跳跃感时,在发尾处卷2.5圈即可。　（　　）

3. 造型烫在定型过程中一般都会用毛毛卷来固定。　　　　　　（　　）

4. 表情区有修饰脸形的作用,此区域头发在卷杠时需将角度提拉至90°。

（　　）

5. 在创意短发的烫发中,由于头发参差不齐,我们在选择卷发工具时可以将多种卷发工具合理组合使用。　　　　　　　　　　　　　　（　　）

三、综合运用题

生活中有许多发形看起来就像做过造型一样(如下图),特别饱满、有造型、有质感,是人们都希望拥有的发形效果。我们怎么才能做出这种自然的发形呢?根据所学的知识谈一谈你的设计理念。